Statistiken erstellen, präsentieren, bewerten

Horst-Dieter Radke

W0074163

Statistiken erstellen, präsentieren, bewerten

Horst-Dieter Radke

Die Deutsche Bibliothek – CIP-Einheitsaufnahme

Radke, Horst-Dieter:
Statistiken erstellen, präsentieren, bewerten / Horst-Dieter Radke.
– Planegg : STS-Verl., 1999
  (STS-TaschenGuides)
ISBN 3-86027-241-1

ISBN 3-86027-241-1
Bestell-Nr. 00684

© 1999, STS Standard Tabellen & Software Verlag,
ein Unternehmen der Haufe Verlagsgruppe.
Postanschrift: Postfach 13 63, 82142 Planegg
Hausanschrift: Fraunhoferstraße 5, 82152 Planegg
Fon (0 89) 8 95 17-2 00, Fax (0 89) 8 95 17-2 50
E-Mail: online@haufe.de
Internet: http://www.haufe.de
Lektorat: Dr. Harald Henzler, Dr. Ilonka Kunow

Satz + Layout: Design-Typo-Print, 85757 Ismaning
Umschlaggestaltung: Agentur Buttgereit & Heidenreich, 45721 Haltern am See
Cartoons: Wolfgang Baaske Cartoon-Agentur, München
Druck: J. P. Himmer GmbH, 86167 Augsburg

TaschenGuides – die kleine Bibliothek für effektives Arbeiten

Für alle, die keine Zeit verschwenden wollen, die einen präzisen Einstieg in ein Thema suchen oder ihr Wissen ohne großen Aufwand auffrischen wollen.

Sie sparen Zeit und können das Wissen effizient umsetzen:

Die Gliederung läßt übersichtlich die wichtigsten Themen erkennen.

Die Aussagen sind auf das Wesentliche reduziert.

Auch Querlesern wird durch Zwischenüberschriften und die zweite Farbe ein Einstieg ermöglicht.

Tips und Checklisten bieten das nötige Werkzeug für Ihre Arbeit.

Sie können die TaschenGuides bequem überallhin mitnehmen.

Ohne größeren Aufwand können Sie die TaschenGuides allen Ihren Mitarbeitern geben und erhalten so eine gemeinsame Arbeitsbasis.

Für Anregungen sind wir Ihnen immer dankbar.
Ihr STS Verlag.
Fraunhoferstraße 5 – 82152 Planegg
Fon 0 89/8 95 17-2 22
Fax 0 89/8 95 17-2 90

Inhalt

Vorwort

Ob im öffentlichen Leben, im Beruf oder in der Freizeit – Statistik ist aus unserem heutigen Alltag nicht mehr wegzudenken. Denn es besteht nicht nur eine große Nachfrage nach Fakten, sondern auch eine unüberschaubare Fülle an Zahlen, Daten und Informationen. Diese Datenflut kann nur bewältigt werden, wenn die Informationen so aufbereitet werden, daß sie rasch erfaßbar, verständlich und übersichtlich erscheinen. Diese Aufgabe leistet die Statistik.

Auch im Unternehmen erfüllt die Statistik eine wichtige Funktion – mit ihrer Hilfe erfahren Sie nicht nur, was war, sondern auch, wie die weitere Entwicklung sein wird.

Dieser TaschenGuide hilft Ihnen nicht nur, statistische Informationen besser zu verstehen, sondern ist auch eine praktische Handreichung für den alltäglichen Umgang mit Statistiken – angefangen von der Datensammlung bis zur Auswertung. Übrigens: keine Angst vor den Formeln – sämtliche Berechnungen werden auch umgangssprachlich erklärt. Im Anhang finden Sie außerdem ein ausführliches Glossar, das Ihnen beim Einsatz der Formeln hilft.

Horst-Dieter Radke

Statistik – Warum?

Welche Aufgaben hat die Statistik?

Kennen Sie den Spruch des englischen Politikers, der gesagt hat, daß er keiner Statistik glaubt, die er nicht selbst gefälscht hat? Tatsächlich meinen viele, daß Statistiken mit der Wirklichkeit nichts zu tun haben! Man braucht sie für Wahlprognosen oder mißbraucht sie gar für das Zurechtbiegen von Tatsachen. Sie würden damit vielleicht zur Argumentation für Politiker taugen – aber im Alltag hätten sie nichts verloren ...

Daß Statistiken lügen, ist so falsch wie es richtig ist. Natürlich kann man statistisches Material benutzen, um Aussagen zu verfälschen. Das kann man aber auch mit anderen Informationen tun. Nicht an der Methode selbst liegt es, wie glaubwürdig eine Information ist, sondern an der Art der Darstellung. Statistik ist jedenfalls nicht von Grund auf an Manipulation gebunden. Ihre Zweck ist es zunächst einmal, Informationen in Form von Zahlen oder anderen Daten zusammenzutragen, das gesammelte Material aufzubereiten und die Informationen schließlich so zu verdichten, daß sie aussagekräftig, verständlich und überschaubar werden.

■ Überall dort, wo große Datenmengen anfallen, können statistische Methoden helfen, diese zu analysieren und zu interpretieren. Daher ist gerade der Bereich der Wirtschafts- und Betriebsstatistik so wichtig. Statistiken helfen Ihnen, Erscheinungen rascher zu erkennen oder Entscheidungen sicherer zu treffen. ■

Volks- und weltwirtschaftliche Daten überblicken

Die Statistik liefert uns Informationen über die Volks- und die Privatwirtschaft. Dementsprechend läßt sich zwischen einer allgemeineren Wirtschaftsstatistik und der Betriebsstatistik unterscheiden.

Statistische Zahlen über die wirtschaftlichen Verhältnisse generell, die Wirtschaft eines speziellen Marktes (z. B. Landwirtschaft), einer Region, eines Landes (also einer Volkswirtschaft), eines Kontinents oder über die Weltwirtschaft an sich begegnen uns ständig in den Medien. Diese Statistik beschreibt die Situation und die Entwicklung der Wirtschaft, unabhängig von einzelnen Wirtschaftseinheiten. Wer sich einige Kenntnisse der wichtigsten statistischen Methoden aneignet, wird solche statistischen Aussagen in der Öffentlichkeit leichter verstehen.

Mit der Betriebsstatistik die Datenflut im Griff

Die Betriebsstatistik hingegen beschäftigt sich mit kleineren Wirtschaftseinheiten: den Haushalten, Betrieben und Unternehmen. Ihre Aufgabe ist es, Informationen zu liefern, die der Entscheidungsfindung im Unternehmen dienen. Statistik in diesem Sinne ist ein Element des Controllings.

Nützliche Zahlen und Informationen fallen in einem Betrieb auf vielfältige Weise und an unterschiedlichen Stellen an:

- in der Buchhaltung,

- in der Kostenrechnung,

- in den einzelnen Abteilungen (Verkauf, Marketing usw.),

- in der Produktion (bei industriellen und handwerklichen Fertigungsbetrieben).

Wichtige Aufgaben der Betriebsstatistik

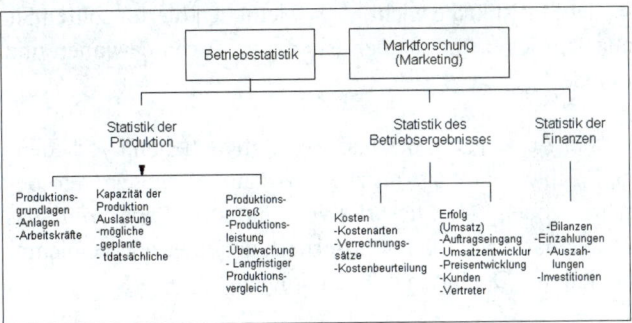

Doch ist es kaum sinnvoll, alle nur denkbaren anfallenden Zahlen und Daten permanent zu messen oder zu erheben – dies führt nur zu einer unüberschaubaren Informationsflut, die letztlich niemandem nützt. Und dies gilt nicht nur für große Konzerne, sondern selbst in kleinen und mittleren Betrieben. Wer jedoch mit den richtigen statistischen Methoden seine Zahlen und Informationen im Griff hat, kann Entwicklungen rechtzeitig erkennen und Entscheidungen sicherer treffen.

> ■ Mit Statistiken haben Sie ein Kontrollinstrument, das sowohl auf die Vergangenheit (was war passiert?) als auch auf die Zukunft (was wird voraussichtlich passieren?) zielt. ■

Statistik ist nicht gleich Statistik

Was müssen Sie nun wissen, wenn Sie vorhaben, statistische Erhebungen durchzuführen?

Zunächst einmal, wie Sie die nötigen Daten zusammentragen. Die **Datenerhebung** ist zwar nicht eigentliche Aufgabe der Statistik, die wichtigsten Methoden hierfür sollten Sie aber auf jeden Fall kennen (s. Kapitel „Daten gewinnen und erfassen").

Zur Auswertung des nach der Datenerhebung vorliegenden Zahlenmaterials nutzt man dann Methoden der beschreibenden oder **deskriptiven Statistik.** Dabei wird das Zahlenmaterial aufbereitet, sortiert, geordnet und verdichtet (ab Kapitel „Die Daten in Form bringen").

Darauf baut dann die schließende oder **induktive Statistik** auf. Sie stellt weitere analytische Methoden zur Verfügung und benutzt Teilgebiete der Mathematik (z. B. die Wahrscheinlichkeitsrechnung), um funktionale Regeln und Gesetze aus dem vorliegenden Datenmaterial und den Ergebnissen der deskriptiven Statistik zu erkennen.

■ *Vor allem die Methoden der deskriptiven Statistik müssen Sie kennen, da sie grundlegend für den praktischen Einsatz in der Betriebsstatistik sind.* ■

Daten gewinnen und erfassen

Wo kommen die Daten her?

Bevor Sie mit der statistischen Arbeit beginnen können, müssen Ihnen Daten vorliegen. Da diese nicht einfach vom Himmel fallen, müssen sie beschafft werden (der Statistiker spricht von der Erhebung von Daten). Im einfachsten Fall sind die Daten schon vorhanden, sei es, daß Sie aus früheren eigenen Erhebungen auf sie zurückgreifen oder aus fremden Quellen schöpfen können – dann müssen Sie nur wissen, wie Sie an diese Daten herankommen.

■ *In allen Fällen, in denen auf bereits vorliegende Daten zurückgegriffen wird, spricht man von* **Sekundärstatistik.** ■

Auf welche öffentlichen Quellen Sie zurückgreifen können

Wichtige Fundorte für die statistische Arbeit sind immer die öffentlichen Quellen. Das reicht von den

- Gemeindestatistiken (so sie dort geführt werden) über die
- statistischen Landesämter bis zum
- Statistischen Bundesamt in Wiesbaden.

Das **Statistische Jahrbuch,** das vom Statistischen Bundesamt herausgegeben wird, kann Quelle für zahlreiche Daten zu den unterschiedlichsten Lebensbereichen sen. Weiterhin gibt es dort verschiedene Fachserien, z. B. für das Gesundheitswesen oder für Preise, Löhne und Wirtschaftsrechnungen.

Weitere Daten für die statistische Arbeit sind bei nichtamtlichen Institutionen zu finden, etwa:

- den Industrie- und Handelskammern,
- den Gewerkschaften und
- Arbeitgeberverbänden,
- Versicherungen und
- den verschiedenen Branchenverbänden.

Benötigt man internationales Material, so wendet man sich an das Statistische Amt der Europäischen Gemeinschaft (EG) in Brüssel oder zieht die Statistischen Jahrbücher der UNO (New York) heran.

Daten aus dem Unternehmen

Innerhalb eines Unternehmens gibt es ebenfalls eine Reihe von sekundären Quellen für statistische Auswertungen:

- Das **betriebliche Rechnungswesen** (Buchhaltung, Kostenrechnung) bietet laufend aktuelles Zahlenmaterial zu unterschiedlichen Gesichtspunkten. Da eine gesetzliche Aufbewahrungspflicht für die meisten Daten besteht, steht das Material in der Regel auch über längere Zeiträume zur Verfügung.

- In der **Warenwirtschaft** eines Unternehmens finden Sie im Zeitalter der elektronischen Datenverarbeitung ebenfalls eine Menge an sekundären Daten. Umsatz und Warenbewegungen werden dabei ebenfalls für mehrere Jahre gespeichert und können nach Bedarf abgerufen werden.

- **Produktionsdaten** in Betrieben der handwerklichen und industriellen Fertigung liegen meist ebenfalls in gespeicherter Form vor (selten noch in handschriftlichen Aufzeichnungen wie Maschinenbelegungspläne, Produktionschargen usw.).

> ■ *Nicht alle Daten kursieren regelmäßig im Unternehmen. Daher ist es nicht nur wichtig zu wissen, welche Daten gespeichert sind, sondern auch, wer den Zugang zu ihnen hat.* ■

Die Daten selbst erheben: Befragung, Beobachtung und Experiment

Erst wenn aus sekundären Quellen kein brauchbares Material zu ziehen ist, denkt man an eigene Erhebungen (man nennt dies dann primäre Erhebungen). Hier bieten sich zwei Methoden an:

- die Beobachtung und

- die Befragung.

Bei der **Beobachtung** werden – wie die Bezeichnung selbst schon ausdrückt – Beobachtungen gemacht und Aufzeichnungen darüber erstellt. Dabei ist das Zählen von Vorkommen (z. B. Besucher eines Fußballstadions) genauso eine

Beobachtung wie das Messen von Körpergrößen oder wie die Zeitmessung von Arbeitsabläufen. Aus Beobachtungen gewinnen Sie also v. a. die sogenannten harten Daten.

Es bleibt manches übrig, was nicht einfach beobachtet werden kann, z. B. die Einstellung Ihrer Kunden zu einem Neuprodukt oder ihre Zufriedenheit mit dem Service. Hier kommt die **Befragung** ins Spiel, die auf verschiedene Weise versucht, Datenmaterial zu erbringen. Die häufigste Art der Befragung ist der Fragebogen. Fragebögen können von den Befragten selbst oder von einem Interviewer ausgefüllt werden.

Daneben gibt es auch noch die Datengewinnung durch das Experiment – eine Methode, die für Ihre Betriebsstatistik wohl kaum, höchstens für die Forschung und Entwicklung im Unternehmen eine Bedeutung hat.

Womit rechnet die Statistik?

Was soll überhaupt erhoben werden?

Bevor Sie eine primäre oder sekundäre Erhebung von Daten vorhaben, sollten Sie den Zweck der statistischen Untersuchung genau festlegen. Je besser Sie das Ziel eingrenzen, um so besser werden Sie mit den Ergebnissen der statistischen Arbeit auch umgehen können.

Beispiel

Das Kaufverhalten der Deutschen zu untersuchen, wenn man eine neue Biotee- oder Jeansmarke einführen möchte, scheint eine recht große Aufgabe. Besser, den Zweck näher einzugrenzen, etwa: das Kaufverhalten im Naturkostladen, oder das Kaufverhalten der Jugendlichen im Alter von 13 bis 18 Jahren.

Denn ist der Zweck erst einmal beschrieben, so steht auch meist fest, welche Informationen Sie eigentlich genau brauchen, und welche Sie gar nicht erst berücksichtigen müssen.

Beispiel

Wenn Sie z. B. wissen wollen, wie effektiv die Reklamationsabteilungen einzelner Niederlassungen eines großen Unternehmens arbeiten, brauchen Sie sicher die Anzahl aller Reklamationsfälle pro Monat, die Bearbeitungszeiten, die Anzahl der Mitarbeiter in den Abteilungen usw. Sie brauchen aber nicht alle Daten über die einzelnen reklamierten Produkte oder das Verhältnis von Absatzzahlen und Reklamationsrückläufen – das wäre wieder eine andere Untersuchung.

Die Menge aller Daten, die Sie dann Ihrer Untersuchung zugrunde legen, heißt Grundgesamtheit, statistische Masse oder Population.

Von der statistischen Masse und ihren Elementen

Jede statistische Masse oder Grundgesamtheit wollen Sie ja auf Ihr spezielles Interesse hin untersuchen. Dazu analysieren Sie alle Elemente, die zu dieser Masse gehören. Die Elemente einer Grundgesamtheit werden auch statistische Einheiten genannt.

Diese Einheiten können zum Beispiel sein:

– Personen,

– Haushalte,

– Unternehmen und Betriebe,

aber auch:

- Kraftfahrzeuge in Freiburg,

- Schiffe im Wattenmeer,

- Umsätze von Unternehmen einer Branche,

- Geburten und Todesfälle,

- Reklamationen im Unternehmen X.

Doch besagen die Elemente allein noch nicht, auf was genau Sie Ihre Untersuchung richten. Ein wichtiges Augenmerk wirft der Statistiker daher auf die Eigenschaften oder „Merkmale" dieser Elemente.

Beispiel

Ist der Untersuchungsgegenstand die Körpergröße der Jugendlichen im Alter zwischen 14 und 16 Jahren, so sind die Jugendlichen die Elemente und die Körpergröße die Merkmale.

Im obigen Beispiel „Reklamationsfälle" bilden alle Reklamationsfälle die statistische Masse, die Merkmale sind dann z. B. „Niederlassung", „Qualifikation des Bearbeiters" und „Dauer der Reklamationsbearbeitung" usw.

Merkmale sind „variabel"

Eine andere Bezeichnung für die statistischen Merkmale ist **Variable**. Variable, denn sie sind natürlich nicht in jedem Fall gleich. In Beispiel der Körpergröße unterscheiden sich die Jugendlichen ja durch ihre unterschiedlichen Maße der Körpergröße, die Reklamationsfälle durch ihren Ort, ihre Dauer usw.

Hier sehen Sie schon: Es läßt sich nicht mit jeder Variable so einfach „rechnen" – wohl aber mit dem Merkmal „Dauer der Reklamationsbearbeitung", denn dort erhalten Sie in allen Fällen Zahlen. Nicht rechnen läßt sich jedoch mit dem Merkmal „Niederlassung" oder „Qualifikation des Bearbeiters" – denn hier erhalten Sie nur Begriffe – im ersten Fall sind es Ortsnamen (Hamburg, München, Nürnberg), im zweiten Fall die Einstufungen (Facharbeiter, Meister).

Jedes Merkmal hat seine Ausprägungen

Damit wären wir schon bei den Merkmalsausprägungen – hier fragen Sie: Was gilt in einzelnen Fällen für ein bestimmtes Merkmal? Untersuchen Sie etwa das Kaufverhalten Ihrer Kunden nach dem Merkmal „Familienstand" können Sie folgende Ausprägungen erhalten: ledig, verheiratet, geschieden und verwitwet.

Manche Variablen haben wenige, andere wieder viele Merkmalsausprägungen. Statistiker formulieren das genauer: Sie sprechen von quantitativen und von qualitativen Variablen.

- **Qualitative Variable** beschreiben die **Art** eines Untersuchungsobjekts. Sie sind nicht „meßbar" im engeren Sinn. Beispiel: Geschlecht, Schulabschluß, Parteizugehörigkeit, Familienstand, usw.

- **Quantitative Variable** beschreiben das **Ausmaß**, in dem sie auf das Untersuchungsobjekt zutreffen. Sie sind also meßbar. Beispiel: Alter, Größe, Gehalt, Bearbeitungsdauer der Reklamationen in Tagen, usw.

Die quantitativen Merkmale unterscheidet man weiter in diskrete und stetige Variable, je nachdem, wieviel Ausprägungen möglich sind:

- Variable sind **diskret** (oder diskontinuierlich), wenn nur endlich viele, ganz konkrete Werte angenommen werden können, wie etwa der Familienstand oder das Geschlecht (männlich, weiblich), Schulbildung (Hauptschule, Realschule, Gymnasium ...), usw.

- **Stetige Variable** können fast jeden Wert und Zwischenwert annehmen. Ihre Ausprägungen können also dicht zusammenfallen, z. B. die schon genannte Körpergröße, das Körpergewicht, das Haushaltseinkommen, Temperaturen, Zeitdauer von Vorgängen, Aktienkurse, usw.

Was ist wie meßbar?

Weiter können Sie die Merkmale nach ihrem Skalenniveau unterscheiden – hierbei geht es um die Frage, welche Meßeigenschaften eine Variable hat. Diese Skalentypen benötigen Sie z. B. für Kennzahlen, da nicht jede Kennzahl für jedes Skalenniveau zu gebrauchen ist. Und Sie müssen wissen, welche der später beschriebenen statistischen Methoden für Ihr Datenmaterial geeignet ist.

Man unterscheidet vier Variablen:

- **Nominalskalierte** Variable: Die Ausprägung der Variablen sind ihre verschiedenen Namen.
Erinnern wir uns an die Variable „Niederlassung" aus unserem Reklamationsbeispiel.

- **Ordinalskalierte** oder **rangskalierte** Variable: Die Ausprägungen müssen sich in eine Reihenfolge bringen lassen.

  Beispiel: die Bearbeitung der Reklamation wird als „sehr gut", „gut",
  „befriedigend", usw. eingestuft.

- **Intervallskalierte** Variable: Die Abstände der Skala lassen
  sich genau bestimmen und sind innerhalb der Skala
  gleich groß.

  Beispiel: von Monat zu Monat (Januar, Februar, März …), von Jahr
  zu Jahr (1991,1992,1993 …) oder von Jahrzehnt zu Jahrzehnt (1940,
  1950, 1960 …).

- **Verhältnisskalierte** oder **ratioskalierte** Variable: Zusätzlich zu den Eigenschaften der intervallskalierten Variable
  kommt die Merkmalsausprägung „ein absoluter Null-
  punkt existiert" hinzu.

  Beispiel: Kelvin, Meter.

Die Fallen der Vollerhebung meiden

Meist zwangsläufig ergibt sich die Frage, ob man eine
statistische Gesamtheit vollständig (Vollerhebung) oder nur
eine repräsentative Auswahl (Teilerhebung) erfassen soll.
Vordergründig scheint die Vollerhebung die sinnvollere Variante zu sein: denn wenn Sie alle Einheiten einer Gesamtheit
erfaßt haben, so dürften doch die statistischen Ergebnisse
genauer und besser sein, als wenn Sie nur einen Teil erheben
und auswerten. Tatsächlich müssen Sie aber mit vielerlei
Schwierigkeiten rechnen, wenn Sie eine Vollerhebung durchführen wollen:

■ Der Aufwand kann sehr hoch sein.
Wenn Sie etwa das Vorkommen an Bakterien im Boden in einer bestimmten Region untersuchen wollen, wird es nicht möglich sein, jeden Quadratmeter Boden in die Untersuchung einzubeziehen.

■ Die Kosten sind nicht zu unterschätzen.
Wenn nur ein beschränktes Budget zur Verfügung steht, lassen sich für das Kaufverhalten in Naturkostläden nicht alle Läden der Schweiz untersuchen, sondern lediglich einige ausgewählte.

■ Der zeitliche Aufwand kann erheblich sein.
So kann natürlich, wenn das Kaufverhalten der Jugendlichen zwischen 13 und 18 Jahren untersucht wird, nicht so lange untersucht und ausgewertet werden, bis eine neue Generation nachgewachsen ist. Die Informationen sollen ja zeitnah vorliegen und genutzt werden können.

■ Schließlich kann die Vollerhebung ungenau sein.
Denn bei jeder Erhebung und Datenerfassung schleichen sich zwangsläufig Fehler ein. Je größer die Datenmenge ist, desto schwieriger ist es, diese Fehler herauszufiltern.

■ *Aus diesen Gründen mag es besser sein, eine Teilerhebung so durchzuführen, daß mit den Ergebnissen einigermaßen verläßliche Aussagen zu machen und Entscheidungen zu treffen sind.* ■

Die abschließende Checkliste hilft Ihnen, Fehler bei der Datenerhebung zu vermeiden.

Checkliste: Datenerhebung

- Ist der Untersuchungszweck definiert?

- Sind Datenbestände vorhanden, die auf den Untersuchungsgegenstand zutreffen (öffentliche Statistiken, interne betriebliche Statistiken)?

- Sind die vorhandenen Daten für den Untersuchungszweck brauchbar (in genügender Anzahl, aktuell, ausreichend genau auf den Untersuchungszweck ausgerichtet)?

- Reicht es eventuell, wenn Sie durch zusätzliche Erhebungen vorhandene Daten ergänzen (z. B. um aktuelle Daten oder um ein noch nicht berücksichtigtes Merkmal abzudecken)?

- Falls kein Material vorhanden ist: Soll eine Beobachtung oder eine Befragung durchgeführt werden?

- Muß die gesamte statistische Masse erfaßt werden oder reicht eine repräsentative Stichprobe aus?

- Falls eine gesamte Population erfaßt werden soll: Ist das überhaupt möglich (vom Umfang her, zeitlich, finanziell)?

- In welchem zeitlichen Rahmen sollte die Datenerhebung abgeschlossen sein?

Die Daten in Form bringen

Verfügen Sie über die notwendigen Daten für Ihre Untersuchung, geht es darum, sie so aufzubereiten, daß sie aussagekräftig werden.

Die wichtigsten Schritte zu Ihrer Statistik sind:

1 die Daten sortieren,

2 die Daten verdichten,

3 die so gewonnenen Informationen anschaulich darstellen.

So werden statistische Daten aufbereitet

Liegen Daten einer Erhebung in noch nicht aufbereiteter Form vor, so spricht man von einer **Urliste.**

Nehmen wir einmal an, in einem Betrieb wurden die Krankenzeiten aller Mitarbeiter in einem Jahr erfaßt. Dem Betrieb gehören 50 Mitarbeiter an. Die Ergebnisse könnten in unsortierter Reihenfolge so aussehen.

Beispiel: Die unsortierte Urliste

5	1	2	27	1
0	1	1	2	1
8	1	2	0	1
2	3	3	1	0
1	5	1	1	0
13	7	0	3	8
7	2	8	5	9
2	0	1	5	2
5	11	1	2	2
8	5	1	5	3

Hier sind die Krankentage aller 50 Mitarbeiter erfaßt.

Erster Schritt: Daten sortieren

Mit einer solch unübersichtlichen Liste können Sie aber zunächst noch wenig anfangen. Daher müssen Sie als erstes die Daten sortieren, d. h. in eine sinnvolle Rangfolge bringen.

Die sortierte (Ur)Liste

0	1	1	3	7
0	1	2	3	7
0	1	2	3	8
0	1	2	3	8
0	1	2	5	8
0	1	2	5	8
1	1	2	5	9
1	1	2	5	11
1	1	2	5	13
1	1	2	5	27

In der sortierten Liste werden die Ausprägungen in eine aufsteigende Reihenfolge gebracht.

Moderne EDV-Anwendungsprogramme wie DBMS (Datenbankmanagement-Systeme) und Tabellenkalkulationen nehmen Ihnen bereits im Vorfeld der statistischen Auswertung viel Arbeit ab. (Dazu mehr ab Seite 100. Im Taschen-Guide *Excel 2000 im Unternehmen* finden Sie übrigens eine Reihe weiterer Tips und Hilfen.)

> ■ *Daten lassen sich durch Datenbankprogramme schnell erfassen und direkt bearbeiten. Wurden die Daten anderweitig erfaßt, können Sie mit solchen Programmen oder einer Tabellenkalkulation schnell eingelesen (importiert) und aufbereitet werden. Für umfangreiche statistische Auswertungen gibt es inzwischen auch spezielle Statistiksoftware.* ■

Zweiter Schritt: Daten gruppieren

Eine sortierte Liste bietet zwar etwas mehr Übersicht und gibt manchmal auch schon einen ersten Eindruck über das Zahlenmaterial wieder – weit entfernt von der Urliste ist sie aber noch nicht. Hier hilft ein Bearbeitungsschritt weiter, den man Gruppieren (oder Gruppenbildung) nennt. Gruppieren können Sie die Daten nach zeitlichen, örtlichen oder sachlichen Merkmalen. Im folgenden Beispiel wurde eine Liste nach zeitlichen Merkmalen gruppiert (Krankentage).

Beispiel: Gruppierung nach zeitlichem Merkmal

	A	B	D	E	F	G
1	0	Krankentage				
2	0	0				
3	0	1				
4	0	2				
5	0	3				
6	0	4				
7	1	5				
8	1	6				
9	1	7				
10	1	8				
11	1	9				
12	1	10				
13	1	11				
14	1	12				
15	1	13				

Tabelle1 / Tabelle2 / Stabdiagramm / Tabelle3 / Tab

Die Graphik zeigt in der zweiten Spalte den Zwischenschritt der Gruppierung nach Krankentagen, beginnend bei 1 Tag.

Die ersten Schritte zur statistischen Auswertung

Häufigkeiten ermitteln und interpretieren

Mit der Gruppierung haben Sie die Möglichkeit, Ihre Liste erstmals auszuwerten: Sie können im nächsten Schritt prüfen, wie oft eine Merkmalsausprägung in den einzelnen Gruppen vorkommt, z.B. wie oft „1" (also ein Krankentag) vorkommt. Man spricht in diesem Fall von Häufigkeiten. Und eigentlich geht es bei der statistischen Analyse immer um Häufigkeitsverteilungen.

Dieser Schritt entspricht einer manuellen Strichliste. Aber auch hier hilft Ihnen natürlich der Computer mit entsprechenden Anwendungen weiter; die meisten Tabellenkalkulationen enthalten vorgefertigte statistische Funktionen, damit die Häufigkeiten schnell ermittelt werden können.

Diese Häufigkeiten erlauben Ihnen dann schon erste (vorsichtige) Interpretationen der Daten. Der Vorteil von Häufigkeitslisten ist, daß die Zahlen bereits in einer verdichteten Information vorliegen, ohne daß dabei jedoch Wesentliches verlorengegangen ist. Aus einer Häufigkeitsliste können Sie immerhin wieder eine sortierte Liste (also fast eine Urliste) zurückbilden.

Beispiel: Häufigkeiten der Merkmale

Jetzt können Sie direkt ablesen, wie viele Mitarbeiter 1 Krankentag haben (nämlich 15), wie viele nie fehlen (6), usw.

Die Informationen weiter verdichten

In dem bisher behandelten Beispiel hat die Gruppierung aber die Daten noch nicht weit genug verdichtet. Das Auftreten des Merkmals „Krankentage" führt immer noch zu einer relativ langen Liste, in der auch Merkmalsausprägungen zu finden sind, denen keine Häufigkeit zugeordnet werden kann – z. B. hat kein Mitarbeiter 4 Tage gefehlt. Diese Merkmalsausprägungen interessieren eigentlich nicht weiter. Nur herauslöschen können Sie sie aus solch einer Liste nicht so einfach.

Jetzt gehen Sie einfach einen Schritt weiter und **klassifizieren** die Merkmale, d. h. Sie fassen mehrere Ausprägungen in sogenannte Häufigkeitsklassen zusammen. Die Wahl der **Klassenbreite** ist dabei nicht unwesentlich. Hier besteht schon eine gewisse Möglichkeit der Manipulation. Wenn Sie zu stark verdichten, gehen zu viele Einzelinformationen verloren und das Ergebnis wird möglicherweise sogar verfälscht.

Sie können sich als Faustregel merken: Je größer die Zahl der Einheiten ist, desto größer sollte auch die Zahl der Klassen sein. Als Richtlinie können Sie die Empfehlung des deutschen Normenausschusses (DIN 55 302) wählen. Wichtig ist, das der gesamte Wertebereich lückenlos und überschneidungsfrei in Klassen aufgeteilt wird.

■ *Ziel der Klassenbildung sollte es sein, die Daten übersichtlicher als in der Urliste darzustellen und dabei doch eine noch vertretbare Klassenbreite zu wählen.* ■

In unserem Beispiel wird eine Klassenbreite von 3 Tagen gewählt (beginnend bei 0 Tage; es gibt ja anscheinend doch Mitarbeiter oder Mitarbeiterinnen, die im untersuchten Zeitraum keinen einzigen Tag krank waren.)

Die Daten in Form bringen

Beispiel: Klassifizierung der Merkmale

	A	B	C	D	E	F	G
1	0	Klassengrenz	Häufigkeiten				
2	0	2	12				
3	0	5	0				
4	0	8	0				
5	0	11	0				
6	0	14	0				
7	1	17	0				
8	1	20	0				
9	1	23	0				
10	1	26	0				
11	1	29	0				
12	1						
13							
14							

Statistik_Beispiele

Tabelle3 / Tabelle4 / Tabelle5 \ Tabelle6 /

Die Graphik zeigt in Spalte B die Klassen (Klassengrenze): bis 2, bis 5, bis 8 Krankheitstage usw.

Die Klassifizierung erlaubt jetzt bereits erste Aussagen. In unserem Beispiel ist der Bereich ab 17 Tage nicht mehr besonders aufschlußreich, denn es tritt darüber nur noch ein einziger Fall in der Klasse 27 bis 29 Krankentage auf; dies rechtfertigt nicht die Untersuchung in dieser Region. Eine Verringerung der Klassenbreite auf zwei Tage und die Beschränkung auf die Klassengrenze von 14 Tagen würde etwas deutlicher das Auftreten der Krankenfälle in diesem Bereich zeigen.

Es ist üblich, in solchen Fällen sogenannte offene Klassen zu bilden. Im Beispiel würde das heißen, als letzte Klasse: „15 und darüber" zu definieren. Offene Klassen werden in der Regel bei der ersten und der letzten Klasse gebildet.

Mit kumulierten Werten und Prozenten noch knapper informieren

Bisher haben Sie das Ausgangsmaterial geordnet und zusammengefaßt. Ziel war es, dieses Material so zu verdichten, daß aus dieser Konzentration erste Aussagen möglich wurden. Eine weitere Verdichtung erreichen Sie, wenn Sie die Häufigkeiten kumulieren. Dies kann mit den absoluten Häufigkeiten (den eigentlichen Werten) und den relativen Häufigkeiten (Prozentwerten) geschehen.

Welche Aussagen können Sie nun mit solchen Kumulationen treffen? Auf das Beispiel bezogen z. B. folgende: 96 % aller Krankenausfälle dauerten bis zu 11 Tagen, oder: 60 % aller Krankenausfälle dauerten nur 1 Tag.

Beispiel: Prozentuale und kumulierte Häufigkeiten

	Klassengrenzen	Häufigkeiten	kumulierte Häufigkeiten	relative Häufigkeiten	kumulierte relative Häufigkeiten	
0	2	30	30	60,0%	60,0%	
0	5	10	40	20,0%	80,0%	
0	8	6	46	12,0%	92,0%	
0	11	2	48	4,0%	96,0%	
0	14	1	49	2,0%	98,0%	
1	17	0	49	0,0%	98,0%	
1	20	0	49	0,0%	98,0%	
1	23	0	49	0,0%	98,0%	
1	26	0	49	0,0%	98,0%	
1	29	1	50	2,0%	100,0%	
1						
1		50				
1						
1						

Die relative Häufigkeit läßt schnell erkennen, wie häufig hohe oder niedrige Krankzeiten auftreten. Die kumulierten Zahlen können die Aussagen noch weiter verdichten.

■ *Alle Aussagen, die bis jetzt getroffen werden können, sagen aber noch nichts über die eigentlichen Ursachen aus, sondern allenfalls über die Art und Weise des Auftretens und einer möglichen Schwerpunktbildung. Damit Sie aus statistischen Untersuchungen Aussagen über Ursachen treffen können, muß weitaus mehr Material vorliegen und eine weitere statistische Bearbeitung erfolgen.* ■

Mit den richtigen Berechnungen zum Statistikprofi

Wo liegt das Problem?

Bis jetzt wurde das Datenmaterial erfaßt, geordnet und zur besseren Übersicht schon etwas verdichtet. Die gesamten Informationen blieben dabei weitgehend erhalten oder wurden nur soweit reduziert, daß daraus immer noch Aussagen über den gesamten Datenbestand möglich waren.

Interpretationen daraus gelangen damit aber schnell an ihre Grenzen. Um die Daten weiter auszuwerten, errechnet man daher weitere Zahlen, sog. Kennzahlen, aus dem statistischen Material. Mit Kennzahlen können Sie

- die Verteilung der einzelnen Daten besser beschreiben,

- einzelne Werte besser im gesamten Datenbestand einordnen,

- Bezüge zwischen verschiedenen Fakten aufzeigen.

Die wichtigsten Kennzahlen sind

- Mittelwerte,

- Streuungsmaße und

- Verhältniszahlen.

Einige dieser Kennzahlen sind inzwischen allgemeingebräuchlich, ohne daß man sich bewußt ist, hier mit statistischen Methoden zu arbeiten. So kennen Sie bestimmt Durchschnittsberechnungen. Dabei handelt es sich um nichts anderes als die Berechnung des arithmetischen Mittels.

Für die folgenden Erläuterungen wollen wir ein neues Beispiel heranziehen. Folgende (fiktive) Daten über das Personal einer Abteilung wurden erhoben:

Beispiel: Personaldaten einer Abteilung

	A	B	C	D	E	F	G	H	I	J	K
1	Nr.	Geschlecht	Länge cm	Gewicht kg	Schul-abschluß	Familien-stand	Geschlecht: m=männlich; w=weiblich				
2	1	m	194	107	3	1	Schulabschluß:				
3	2	m	176	75	3	1	1=Hauptschluß; 2=Mittlere Reife; 3=Abitur				
4	3	m	184	90	2	1	Familienstand:				
5	4	w	173	75	3	2	1=Ledig; 2=Verheiratet; 3=Geschieden				
6	5	w	162	59	3	1					
7	6	w	178	65	3	2					
8	7	m	186	78	2	1					
9	8	m	184	105	3	2					
10	9	w	168	72	3	1					
11	10	m	173	91	2	2					
12	11	m	174	78	2	1					
13	12	w	174	79	3	2					
14	13	w	168	62	2	1					
15	14	w	158	45	1	2					
16	15	w	168	67	3	3					
17	16	w	168	53	3	2					
18	17	m	183	75	2	1					
19	18	w	180	73	3	2					
20	19	m	179	71	3	3					
21	20	w	161	56	1	1					
22											
23											

Datenmatrix / Tabelle2 / Tabelle3 /

Die Formel steht in der Bearbeitungsleiste

Wo liegt die Mitte – Mittelwertberechnungen

Daß die politische Mitte schwer auszumachen ist, wird jedem einleuchten, rechnen sich doch selbst extreme Randparteien oft dazu. Wie schwer es aber ist, die Mitte zu bestimmen, sieht man z. B. dann, wenn man versucht, die Mitte für eine nicht gleichmäßige, zweidimensionale geometrische Fläche zu bestimmen.

Beispiel

Schon beim Dreieck wird es schwierig. Dabei kann man aber die Mitte noch durch einfaches Zeichnen bestimmen: Ziehen Sie von jeder Seite von der halben Strecke aus eine Gerade zur gegenüberliegenden Ecke. Sie finden dann im Schnittpunkt der drei Geraden die Mitte des Dreiecks.

Wird die geometrische Figur aber komplexer, sind mehr ungleichmäßige Seiten vorhanden. In solchen Fällen ist die Mitte nur noch mathematisch zu bestimmen.

Will man in der Statistik aus einer Häufigkeit die Mitte bestimmen, so hilft keine Zeichnung weiter, sondern nur noch mehr oder weniger aufwendige mathematische Methoden.

Und wann brauchen Sie Mittelwerte? Ganz klar – wenn Sie nach dem „Durchschnitt" fragen. Mittelwertberechnungen sind also immer dann gefragt, wenn ein Maß für viele Werte gesucht wird. Sie messen z. B. die Ausschußmenge an einem Tage oder bei einer Produktionscharge – wie gut oder schlecht der Wert ist, erfahren Sie erst, wenn Sie ihn im Zusammenhang gleichartiger Werte betrachten (also der Ausschußmenge von anderen Tagen oder Produktionschargen).

Wie wird die Mitte bestimmt?

Was kommt am häufigsten vor? – Der Modus

Wenn Sie wissen wollen, welches Merkmal am häufigsten vorkommt, müssen Sie den **Modus** berechnen. Der Modus ist der am einfachsten zu bestimmende Mittelwert.

Beispiel

Soll für das Merkmal Länge aus dem o. a. Beispiel der Modus ermittelt werden, so kann dies durch einfaches Auszählen der Häufigkeiten jeder einzelnen Ausprägung geschehen. Dabei ergibt sich, das der Wert 168 genau 4 mal vorkommt. Das ist häufiger als jeder andere Wert. Damit entspricht der Wert 168 dem Modus für das Merkmal Länge.

Der häufigste Wert ist immer gleich, auch wenn die Daten anders geordnet werden. Schwierig wird es, wenn mehrere Werte gleich häufig vorkommen. Dann macht das Feststellen eines Modus für diese Untersuchung keinen Sinn mehr.

■ *Der Modus eignet sich vor allem für nominalskalierte Variablentypen.* ■

Den Zentralwert oder Median berechnen

Ein weiterer Mittelwert, der von den Merkmalen abhängt, ist der Zentralwert oder Median. Dieser Wert trennt eine Häufigkeitsverteilung in zwei gleich große Teile. Er steht damit im Mittelpunkt der Verteilung und darf genau von der Hälfte der Werte nicht unter- und nicht überschritten werden. Bei ungerader Anzahl der Werte ist das nicht weiter schwierig: Man addiert zur Summe der Werte 1 hinzu und teilt die neue Summe durch zwei. Das Ergebnis kennzeichnet den Zentralwert oder Median. In einer Formel ausgedrückt sieht das folgendermaßen aus:

$$\tilde{x} = x_{\left(\frac{n+1}{2}\right)}$$

■ *Haben Sie Probleme mit dieser Art von Formeldarstellung, so schauen Sie im Anhang in der Formelsammlung nach. Sie finden dort auch eine kleine Erläuterung zum Umgang mit diesen Formeln.* ■

Ist die Anzahl der Werte aber gerade, wird es etwas komplizierter. Der Median wird dann ein Zwischenwert. Hier rechnen Sie folgendermaßen: Sie addieren zur Anzahl der Werte noch einmal die Anzahl der Werte plus 1 und teilen das Ganze durch 2. Die Formel stellt das folgendermaßen dar:

$$\tilde{x} = \frac{1}{2}\left(x_{\left(\frac{n}{2}\right)} + x_{\left(\frac{n}{2}+1\right)}\right)$$

Beispiel

Bei dem eingangs angeführten Beispiel liegt der Median zwischen dem zehnten und elften Wert (10,5).

■ *Für ordinalskalierte Variablentypen ist der Median eine durchaus geeignete Kennzahl.* ■

Der Median legt die Mitte eigentlich an recht äußerlichen Merkmalen fest. Das macht in manchen Fällen durchaus Sinn – z. B. dann, wenn sich die Häufigkeiten nicht in der Mitte des Wertebereichs verteilen, wenn es die sogenannten „Ausreißer" nach oben oder unten gibt. Der Median geht aber nicht auf den Inhalt der Werte ein. Das arithmetische wie das geometrische Mittel sind hier geeigneter, denn sie beziehen die Werte selbst in die Berechnung ein.

Das arithmetische Mittel – der ganz normale Durchschnitt

Das arithmetische Mittel ist sicherlich der bekannteste Mittelwert. Immer dann, wenn vom Durchschnitt gesprochen wird, ist in der Regel das arithmetische Mittel gemeint. Auch hier ist die Berechnung ganz einfach. Sie ermitteln den Gesamtwert alle Elemente und teilen ihn durch die Anzahl der Elemente.

$$\bar{x} = \frac{1}{n} \sum_{v=1}^{n} x_v$$

Beispiel

Für das o. a. Beispiel bedeutet dies: Die Summe der 20 Elemente beträgt 3491, dividiert durch 20 ergibt einen (arithmetischen) Mittelwert von 174,55.

Sie können das arithmetische Mittel eindeutig bestimmen, wenn die Daten in nicht klassifizierter Form vorliegen. Wurden bereits Klassen gebildet und die Werte darin verdichtet, kann der Mittelwert nur noch näherungsweise bestimmt werden, da ja nicht bekannt ist, wie sich die einzelnen Werte in den Klassen verteilen.

■ *Das arithmetische Mittel wird vor allem bei intervallskalierten Variablentypen benutzt.* ■

Achtung – die Bezeichnung des arithmetischen Mittels ist leider nicht immer einheitlich. In zahlreichen Veröffentlichungen wird der Mittelwert mit

$$\bar{x}$$

(sprich „x quer") bezeichnet, in anderen wieder mit dem griechischen Buchstaben:

$$\mu$$

(sprich „mü"). Die Bezeichnung als „mü-quer" taucht dagegen auch für den Median auf. Sie können einheitlich „x quer" für Mittelwerte aus Stichproben und „mü" für Mittelwerte aus der gesamten Population benutzen.

Wann ist das geometrische Mittel sinnvoll?

Liegen Wachstumsraten vor – z. B. die Steigerung der Lebenshaltungskosten oder die Kapitalverzinsung – so führt das arithmetische Mittel zu falschen Ergebnissen. (Seien Sie also vorsichtig, wenn Ihnen jemand „durchschnittliche" Renditesteigerungen in großer Höhe verspricht!) Hier ist das geometrische Mittel angebracht. Es eignet sich damit besonders für verhältnisskalierte Variablentypen.

$$\bar{x}_g = \sqrt[n]{x_1 \dots x_n}$$

Worauf Sie bei der Wahl des Mittelwerts achten sollten

Mittelwerte sind relativ leicht zu ermitteln. Schwieriger ist es schon, den „richtigen" Mittelwert zu bestimmen. Die Betrachtung des vorliegenden Datenmaterials unter statistischen Gesichtspunkten, so wie es in den vorangegangenen Abschnitten erläutert wurde, ist deshalb immer nötig. Prüfen

Sie zunächst, welcher Skalentyp vorliegt. Dann haben Sie meist schon heraus, welcher Mittelwert geeignet ist (s. a. Checkliste auf Seite 43).

Auf der anderen Seite sollten Sie auch immer auf die Basis des Datenmaterials achten – wenn es z. B. viele niedrige Werte gibt und nur wenige, aber besonders hohe Werte, die den Durchschnitt nach oben „pushen", ist es die Frage, ob das arithmetische Mittel das geeignete Maß ist, um einen „Durchschnitt" zu bestimmen. Um hierüber mehr Klarheit zu gewinnen, hilft jedoch die nächste statistische Methode.

Gut verteilt? – Streuungsmaße

Bei den Mittelwerten wird versucht, ein Zentrum in der Datenverteilung zu ermitteln. Wichtig ist es aber auch, zu erkennen, wie die Daten gestreut sind, d. h. wie sie sich über den zugrunde liegenden Bereich verteilen. Ein wenig hat dies schon die Häufigkeitsverteilung gezeigt. Die Mittelwerte sind aber um so weniger repräsentativ für eine Häufigkeitsverteilung, je weniger sie mit den Merkmalswerten übereinstimmen. Die Einordnung des Einzelwertes zu den Gesamtwerten ist also so kaum möglich. Wollen Sie den Mittelwert richtig einordnen, müssen Sie deshalb zusätzlich Streuungsparameter berechnen.

Spannweite und durchschnittliche Abweichung

Das einfachste Streuungsmaß ist die **Spannweite**. Es handelt sich um die Differenz zwischen dem größten und kleinsten Wert, also um den Abstand zwischen der höchsten und niedrigsten Ausprägung.

Beispiel

Im o. a. Beispiel ist der größte Wert 194, der kleinste 158, die Differenz – die Spannweite – beträgt 36.

Die Formel für die Spannweite lautet:

$$S_M = X_n - X_1$$

Die **durchschnittliche Abweichung** (auch mittlere Abweichung) berechnet die Streuung, indem sie die Abweichungen aller Werte vom gemeinsamen Mittelwert (Median) mißt. Bei der Berechnung bleiben Vorzeichen unberücksichtigt. Das in der Statistik gebräuchlichste Symbol für diese Streuungsgröße ist das griechische Zeichen σ (Delta) oder d.

$$\sigma = \frac{1}{N} \sum_{\nu=1}^{n} |x_\nu - \tilde{x}|$$

Die Berechnung erscheint zunächst kompliziert, ist aber eigentlich einfach und mit Hilfe einer Tabellenkalkulation sogar sehr schnell durchzuführen: Liegen die Werte in einer Spalte vor, können Sie vom Programm in einer weiteren Spalte für jeden Wert die Abweichung vom Mittelwert berechnen lassen. Die Summe dieser Werte geteilt durch die Anzahl der Werte ergibt die Kennzahl: durchschnittliche Abweichung.

Manche Tabellenkalkulationen enthalten dafür sogar eine spezielle Funktion, die diese Berechnung direkt ohne Umweg ermöglicht. In Excel ist dies die Funktion MITTELABW().

Beispiel

Das bisher benutzte Beispiel liefert für das Merkmal Länge die durchschnittliche Abweichung von 7,305. Das bedeutet, daß die Körperlänge der untersuchten Personen durchschnittlich 7,3 cm vom Mittelwert abweicht.

Wozu Sie Standardabweichung und Varianz berechnen

Zwei weitere Streuungsmaße sind die Standardabweichung und die Varianz. Die **Varianz** wird ermittelt als die Summe der Quadrate der Abweichungen aller Werte vom arithmetischen Mittel, dividiert durch die Anzahl der Werte.

$$\sigma^2 = \frac{1}{n}\sum_{v=1}^{n}(x_v - \bar{x})^2$$

Die **Standardabweichung** ist nichts anderes als die Quadratwurzel aus der Varianz. Die vollständige Formel lautet:

$$\sigma = \sqrt{\frac{1}{n}\sum_{v=1}^{n}(x_v - \bar{x})^2}$$

Beispiel

Aus den Beispieldaten ermittelt ist die Varianz: 80,7475 und die Standardabweichung: 8,98596127.

Wozu brauchen Sie nun diese beiden Berechnungen? Varianz und Standardabweichung werden eigentlich meistens für weitergehende statistische und mathematische Berechnungen benutzt. Soll ein besonderes Augenmerk auf größere Ausschläge um einen Mittelwert gelegt werden, sind allerdings diese beiden Kennzahlen auch für sich gesehen interessant.

Durch das Quadrieren werden große Abweichungen stärker berücksichtigt als kleine. Die **Varianz** hat damit eine ganz andere Dimension als die Werte selbst.

Die Standardabweichung wird u. a. benötigt, um den **Variationskoeffizienten** zu berechnen. Im Normalfall wächst die Streuung mit der Größe der Merkmalswerte. Ist das nicht der Fall, muß eine größenunabhängige Streuung ermittelt werden. Dazu bedient man sich des Variationskoeffizienten. Man dividiert dabei das Streuungsmaß noch einmal durch einen Mittelwert. Der Mittelwert repräsentiert diesen Größeneinfluß, und man rechnet ihn auf diese Weise folglich heraus:

$$v = \frac{\sigma}{x}$$

Beispiel

Das Ergebnis gibt die Streuung in % wieder. Im o. a. Beispiel beträgt v = 5,15 %, d. h. die Streuung ist relativ gering.

> ■ Der Variationskoeffizient kann für alle Streuungsmaße und Mittelwerte errechnet werden; in der Regel benutzt man aber lediglich die Standardabweichung und das arithmetische Mittel. ■

Checkliste: Welcher Mittelwert für welchen Variablentyp?

- Nominalskalierte Variable: Häufigkeiten, Modus

- Ordinalskalierte Variable: kumulierte Häufigkeiten, Rangwerte, Median

- Intervallskalierte Variable: arithmetisches Mittel, Varianz, Standardabweichung

- Verhältnis- oder ratioskalierte Variable: geometrisches Mittel, Variationskoeffizient

Wer mit wem – Verhältnis und Index

Das ist eine Masse!

Die Statistik beschäftigt sich fast immer mit großen Datenmengen. Kein Wunder, daß der Statistiker von statistischen Massen und Massenerscheinungen spricht (dazu haben Sie bereits im Kapitel „Womit rechnet die Statistik?" einiges erfahren). Wenn also etwas ausgesagt werden soll, so liegt immer eine statistische Masse zugrunde. Zur Erinnerung: Solch eine Masse besteht aus statistischen Elementen, die sich von anderen Elementen – die nicht zu dieser Masse gehören – unterscheiden. Diese Unterscheidungsmerkmale nennt man auch Eigenschaften oder statistische Merkmale.

Je nachdem, ob die Massen zu einem bestimmten Zeitpunkt schon vorhanden sind und direkt erfaßt werden können, wie etwa die Personen pro Haushalt in einer Volkswirtschaft, spricht man von **Bestandsmassen**. **Bewegungsmassen** hingegen sind solche statistische Mengen, die erst während eines Zeitraums entstehen und auch über diesen Zeitraum hinweg erfaßt werden, z. B. die Geburten im Jahr 1998.

Mit solchen „Datenmassen" geht auch die Betriebsstatistik um, die die vorhandenen Datenmassen statistisch aufbereitet, damit betriebliche Vorgänge leichter untersucht werden können. Die Daten müssen allerdings nicht nur komprimiert werden; vor allem ist es wichtig, Beziehungen zwischen den verschiedenen Größen herzustellen – etwa zwischen der Masse der Einnahmen und der Masse der Ausgaben. Das wohl gängigste Instrumentarium hierfür sind **Kennzahlen**. Welche es gibt und wie sie gebildet werden, erfahren Sie in den folgenden Kapiteln.

Vorher allerdings noch ein wichtiger Hinweis: Wenn Sie Kennzahlen präsentieren, sollten Sie sie immer durch absolute Zahlen ergänzen. Sonst besteht die Gefahr, daß die Aussagen nicht wirklich deutlich gemacht und folglich auch nicht richtig interpretiert werden können.

Beispiel

Fallen 7 % Ausschuß bei der Produktion an, so ist es nicht unwichtig zu wissen, ob dies die Gesamtproduktion (z. B. 100.000 Stück/Monat – 700 Stück Ausschuß) oder nur eine einzelne Produktionscharge (5.000 Stück – 35 Stück Ausschuß) betrifft.

Weitere Hinweise, wie Sie mit Kennzahlen im Unternehmen arbeiten können, erhalten Sie übrigens im TaschenGuide *Kennzahlen.*

Mit Verhältniszahlen wichtige Bezüge herstellen

Die meisten Kennzahlen sind sogenannte **Verhältniszahlen.** Sie werden auf relativ einfache Weise ermittelt: durch Division. Etwas komplexer und problematischer ist es allerdings herauszufinden, welche Zahl mit welcher dividiert werden soll und was das Ergebnis dann aussagt.

Mit Verhältniszahlen drückt man das Verhältnis zweier statistischer Größen, die sich auf statistische Massen beziehen, aus. Dadurch sollen unhandliche Größen so umgeformt werden, das die Beurteilung der zugrundeliegenden Sachverhalte besser möglich ist. Dabei müssen Sie natürlich berücksichtigen, daß die aufeinander bezogenen Massen tatsächlich in einem sinnvollen Verhältnis zueinander stehen.

Beispiel

So macht es keinen Sinn, die Einwohnerzahl von Berlin mit der Niederschlagsmenge in Argentinien zusammenbringen. Auch hat die Ausschußquote in der Produktion kaum etwas mit den Kosten für Büromaterial zu tun. Rechnen läßt sich das zwar alles, eine sinnvolle Aussage entsteht dabei aber nicht.

Die wichtigsten Verhältniszahlen sind:

- Gliederungszahlen,
- Meßzahlen,
- Beziehungszahlen.

Was Sie mit Gliederungszahlen zeigen können

Gliederungszahlen werden gebildet, indem man Teilbeträge eines Merkmals auf den Gesamtwert aller Teilbeträge bezieht. Sie sind immer kleiner als 1 und ergeben in der Summe 1 (zumindest dann, wenn alle Teile des Merkmals betrachtet werden).

Beispiel: Gliederungszahlen

Umsatzentwicklung 1998		
Produktgruppe	TDM	%
Olivenöle	3 750	13,92%
Sonnenblumenöle	5 050	18,75%
Rapsöl	9 340	34,67%
Mischöle	2 300	8,54%
desodorierte Öle	6 500	24,12%
Gesamtumsatz	26 940	100,00%

In der Tabelle wird der Einzelumsatz (z. B. 3 750) auf den Gesamtumsatz (26 940) bezogen und ergibt als Ergebnis die Gliederungszahl 0,139198218. In einen Prozentwert umgerechnet macht das: 13,92 %

Das Beispiel zeigt, daß die reinen Gliederungszahlen nicht sehr aussagekräftig sind. Es ist unbedeutend, daß der Teilumsatz mit Olivenölen 13,92 % beträgt, wenn nicht mindestens die absolute Zahl des Gesamtumsatzes bekannt ist.

Als Formel ausgedrückt sieht die Ermittlung der Gliederungszahlen folgendermaßen aus:

$$g_i = \frac{x_i}{\sum x_i}$$

Entwicklungen verfolgen mit Meßzahlen

Meßzahlen bildet man, indem man gleiche, aber zeitlich oder örtliche verschiedene Merkmalswerte aufeinander bezieht. Örtlich verschiedene Meßzahlen sind z. B.: „Umsatz einer Produktionsstätte" und „Umsatz aller In- und ausländischen Produktionsstätten des Unternehmens". Wichtiger sind aber sicherlich die Meßzahlen, die Sie aufgrund von Zeitreihen bilden – also „Umsatz 1998", „Umsatz 1999" usw.

Um Meßzahlen zu bilden, müssen Sie zunächst einen Basiswert definieren. Diesen Basiswert setzen Sie dann ins Verhältnis zu allen anderen Einzelwerten. Der Basiswert steht also für die Meßzahl 1 (= 100 %).

Beispiel

Im Beispiel ist das Jahr 1992 die Basis. Der Umsatzwert von 18 700 TDM entspricht also 100 %. Der Umsatz des Folgejahres von 19 100 TDM entspricht dann 102,14 % bezogen auf 1992. Es ist also ein Umsatzanstieg von 2,14 % zu verzeichnen. Der Umsatz von 1994 in Höhe von 17 500 TDM entspricht 93,58 %. Es hat also ein Umsatzrückgang um 6,42 % statt gefunden – bezogen auf 1992.

Umsatzentwicklung		
Jahr	TDM	in % von 1992
1992	18 700	100,00%
1993	19 100	102,14%
1994	17 500	93,58%
1995	18 200	97,33%
1996	19 250	102,94%
1997	19 800	105,88%
1998	21 150	113,10%

Anders als bei den Gliederungszahlen können Meßzahlen kleiner oder größer als 1 (=100%) sein, niemals aber negativ.

Als Formel ausgedrückt sieht die Ermittlung der Meßzahlen folgendermaßen aus:

$$m_{Basis,t} = \frac{x_t}{x_{Basis}}$$

In dieser Formel steht „t" für ein beliebiges Element der Zeitreihe, das auf den Basiswert bezogen wird.

Zusammenhänge verdeutlichen durch Beziehungszahlen

Beziehungszahlen bildet man, indem man sachlich verschiedenartige Maßzahlen, für die ein sinnvoller Zusammenhang gilt, in Beziehung setzt.

Beispiel

Das kann z. B. der Umsatz zu der Personalanzahl eines Betriebes sein. Beträgt der Gesamtumsatz eines kleinen Handelsbetriebes 11 500 000 DM und arbeiten in diesem Unternehmen 25 Mitarbeiter und Mitarbeiterinnen, so entfallen auf einen Mitarbeiter 460 000 DM Umsatz. Diese Zahl an sich sagt noch nicht viel aus. Erst im Vergleich mit anderen Unternehmen gleicher Größe und Art kann eine Aussage darüber getroffen werden, ob das viel ist oder nicht. Angenommen, von der Größenklasse her vergleichbare andere Betriebe weisen einen höheren Umsatz pro Mitarbeiter/in auf, dann müßte vor einer abschließenden Beurteilung noch angeschaut werden, welchen Umständen dies verdankt wird. Erzielt etwa ein anderer Betrieb einen höheren Umsatz pro Mitarbeiter dadurch, daß er mit niedrigen Margen am Markt operiert, so wäre vielleicht der Vergleich Mitarbeiter/in zum Rohertrag sinnvoller.

■ *Die richtigen Verhältniszahlen auszuwählen, ist für das Controlling jedes Unternehmens überaus wichtig.* ■

Mit Indexzahlen mehrere Größen erfassen

Wenn Sie die Entwicklung mehrerer gleichartiger Größen gleichzeitig darstellen wollen, müssen Sie auf Indexzahlen zurückgreifen. Indexzahlen werden in der Volks- und Betriebswirtschaft viel verwendet – sicher kennen Sie den **Preisindex** für die Lebenshaltung aller privaten Haushalte. Diese Maßzahl beschreibt die Preisentwicklung für eine Vielzahl von Gütern (man spricht von einem Warenkorb). Es gibt eine Reihe weiterer Preisindexzahlen, die Aussagen über unter-

schiedliche Entwicklungen treffen (Exportgüter, Sozialhilfe-
gesetze usw.)

Neben dem Preisindex haben auch die **Mengenindexe**
(oder -indizes) einige Bedeutung. Mit ihnen werden Mengenänderungen ausgedrückt und die Preisänderungen unberücksichtigt gelassen. **Wertindexe** schließlich versuchen
beides – Preisänderungen und Mengenänderungen – gleichzeitig zu erfassen.

Vor der Erstellung eines Index sind einige Fragen zu be-
antworten: Bleiben wir bei dem Beispiel des Preisindex:

- Aus welchen Gütern soll sich der sogenannte Warenkorb
  zusammensetzen?
  Diese Frage ist u. U. regional unterschiedlich zu beant-
  worten!

- Wie werden die einzelnen Güter bewertet (gewichtet)?
  Es gibt Güter mit einem hohen Preis, die aber wenig
  nachgefragt, und Güter mit niedrigem Preis, die aber
  höher nachgefragt werden.

- Auf welches Jahr soll die Berechnung bezogen werden
  (Basisjahr)?

Auf die Berechnungsmethode kommt es an

Sind diese Fragen einigermaßen zufriedenstellend beantwortet, ist aber noch lange nicht klar, wie der Index berechnet wird; es gibt unterschiedliche Methoden, die zu unterschiedlichen Ergebnissen führen.

Beispiel: Preisindex

Ein rohstofforientierter Produktionsbetrieb ist sicherlich stark abhängig von den Rohstoffpreisen. Angenommen, ein wichtiges Produkt wird aus drei verschiedenen Rohstoffen hergestellt, so ist es jedesmal für die Planung der folgenden Perioden wichtig zu wissen, wie die Preise sich voraussichtlich entwickeln werden.

Preise in DM/Tonne – Mengen in Tonne

Preise	Rohstoff 1	Rohstoff 2	Rohstoff 3
P_B	340,70	250,30	775,00
P_i	388,50	265,75	727,80
Mengen			
M_B	90	85	27
M_i	91	84	31

PB = Preise für die Basisperiode, Pi = Preise für die Berichtsperiode
MB = Mengen für die Basisperiode, Mi = Mengen für die Berichtsperiode

Ungewichteter Wertindex

Ein einfacher, ungewichteter Wertindex wird ermittelt, wenn die Preise und Mengen multipliziert, summiert und anschließend dividiert werden.

$$W_{B,i} = \frac{\sum\limits_{j=1}^{n} \left(p_{i,j} * m_{i,j} \right)}{\sum\limits_{j=1}^{n} \left(p_{b,j} * m_{b,j} \right)}$$

Beispiel

Preise in DM/Tonne - Mengen in Tonne

Preise	Rohstoff 1	Rohstoff 2	Rohstoff 3
P_B	340,70	250,30	775,00
P_i	388,50	265,75	727,80
Mengen			
M_B	90	85	27
M_i	91	84	31

PB = Preise für die Basisperiode, Pi = Preise für die Berichtsperiode
MB = Mengen für die Basisperiode, Mi = Mengen für die Berichtsperiode

$P_B * P_B *$	30 663,00	21 275,50	20 925,00	72 863,50
$P_i * M_i$	35 353,50	22 323,00	22 561,80	80 238,30
Wertindex				110,12 %

Dieser ungewichtete Wertindex gibt einen ersten Hinweis über die voraussichtliche Entwicklung, ist aber noch mit Vorsicht zu genießen. Zu unterschiedlich sind die Rohstoffe, sowohl vom Preis als auch vom Mengeneinsatz gesehen.

Einfacher Summenindex

Ein einfacher Summenindex (für Preise oder Mengen) errechnet sich folgendermaßen: Die einzelnen Elemente werden dividiert und anschließend summiert und durch die Anzahl der Elemente dividiert. Die Formel für Preise lautet:

$$P_{i,B} = \frac{\sum\limits_{j=1}^{n} \left(\dfrac{p_{i,j}}{p_{B,j}} \right)}{n} * 100$$

Dabei gilt: $j = 1 \ldots n$.

Der einfache Summenindex für Preis wird analog gebildet, indem in der Formel Preise mit Mengen vertauscht werden. Die Ergebnisse weichen in der Regel vom ungewichteten Wertindex ab. In beiden Fällen handelt es sich ebenfalls um ungewichtete Indizes, die zwar leicht zu errechnen sind, die Realität aber nur ungenügend widerspiegeln.

Beispiel: ungewichtete Summenindizes

Preise in DM/Tonne – Mengen in Tonne

Preise	Rohstoff 1	Rohstoff 2	Rohstoff 3	
P_B	340,70	250,30	775,00	
P_i	388,50	265,75	727,80	
Mengen				
M_B	90	85	27	
M_i	91	84	31	
	1,14	1,06	0,94	104,70 % einfacher Summenindex Preise
	1,01	0,99	1,15	104,92 % einfacher Summenindex Menge

Die Preisindizes nach Laspeyres und Paasche

Die Preisindizes nach Laspeyres und nach Paasche berücksichtigen gewichtete Merkmale. Als Gewichtungsfaktor wird die Menge gewählt. Laspeyres greift dabei auf die Menge der Berichtsperiode, Paasche auf die Menge der Basisperiode zurück.

Der **Preisindex nach Laspeyres** berechnet sich nach folgender Formel:

$$LaspeyresP_{i,B} = \frac{\sum_{j=1}^{n}\left(p_{i,j} * m_{B,j}\right)}{\sum_{j=1}^{n}\left(p_{B,j} * m_{B,j}\right)}$$

Das heißt: Die Preise des Berichtsjahres werden mit den Mengen des Basisjahres multipliziert und anschließend aufsummiert. Anschließend werden die Preise des Basisjahres mit den Mengen des Basisjahres multipliziert und ebenfalls aufsummiert. Durch diese Zahl wird das erste Ergebnis geteilt. Mit hundert multipliziert ergibt sich daraus eine Prozentzahl.

Der **Preisindex nach Paasche** berechnet sich aus folgender Formel:

$$PaaP_{i,B} = \frac{\sum_{j=1}^{n}\left(p_{i,j} * m_{i,j}\right)}{\sum_{j=1}^{n}\left(p_{B,j} * m_{i,j}\right)}$$

Beispiel: Preisindizes nach Paasche und Laspeyres

	A	B	C	D	E	F	G	H	I
2		Preise in DM/Tonne - Mengen in Tonne							
3									
4		**Preise**	**Rohstoff 1**	**Rohstoff 2**	**Rohstoff 3**				
5		P_B	340,70	250,30	775,00		P_B = Preise für die Basisperiode		
6		P_i	388,50	265,75	727,80		P_i = Preise für die Berichtsperiode		
7		**Mengen**							
8		M_B	90	85	27		M_B = Mengen für die Basisperiode		
9		M_i	91	84	31		M_i = Mengen für die Berichtsperiode		
10									
17									
18			34.965,00	22.588,75	19.650,60	77.204,35	$P_i * M_B$		
19			30.663,00	21.275,50	20.925,00	72.863,50	$P_B * M_B$		
20			35.353,50	22.323,00	22.561,80	80.238,30	$P_i * M_i$		
21			31.003,70	21.025,20	24.025,00	76.053,90	$P_B * M_i$		
22									
23						**Paasche**	**Laspeyres**		
24		**Preisindex**				105,50%	105,96%		
25									

Nach diesen Methoden können auch Mengenindizes errechnet werden. Als Gewichte dienen jetzt die Preise: Die Methode nach Laspeyres verwendet die gleichbleibenden Preise aus dem Basisjahr, die Methode nach Paasche gleichbleibende Preise aus dem Berichtsjahr.

Der **Mengenindex nach Laspeyres** errechnet sich aus folgender Formel:

$$LaspeyresM_{i,B} = \frac{\sum_{j=1}^{n}\left(P_{i,j} * M_{B,j}\right)}{\sum_{j=1}^{n}\left(P_{i,j} * M_{i,j}\right)}$$

Der **Mengenindex nach Paasche** errechnet sich aus folgender Formel:

$$PaascheM_{i,B} = \frac{\sum_{j=1}^{n}\left(P_{B,j} * M_{B,j}\right)}{\sum_{j=1}^{n}\left(P_{B,j} * M_{i,j}\right)}$$

Beispiel: Mengenindizes nach Laspeyres und Paasche

Preise in DM/Tonne – Mengen in Tonne

Preise	Rohstoff 1	Rohstoff 2	Rohstoff 3
P_B	340,70	250,30	775,00
P_i	388,50	265,75	727,80
Mengen			
M_B	90	85	27
M_i	91	84	31

31.003,70	21.025,20	24.025,00	76.053,90	PB * MI
30.663,00	21.275,50	20.925,00	72.863,50	PB * MB
35.353,50	22.323,00	22.561,80	80.238,30	PI * MI
34.965,00	22.588,75	19.650,60	77.204,35	PI * MB

	Paasche	Laspeyres
Mengenindex	103,93%	104,38%

PB = Preise für die Basisperiode, Pi = Preise für die Berichtsperiode
MB = Mengen für die Basisperiode, Mi = Mengen für die Berichtsperiode

Oft reichen die ermittelten Indizes oder Indexreihen nicht aus, um die Situation zu beurteilen. Gerade wenn Sie längere Zeiträume betrachten wollen, treten praktische Probleme auf: So kann sich der Inhalt des Warenkorbs ändern oder es liegen unterschiedliche Indexreihen vor, bei denen unter Umständen nicht klar ist, wie sie ermittelt wurden.

Hier können Sie sich weiterhelfen, wenn Sie Indexzahlen **verketten, verknüpfen** oder **umbasieren:** Zwei unterschiedlich gewichtete Indexreihen können miteinander verkettet (multipliziert) werden, um zu einer einheitlichen Reihe zu kommen. Zwei unterschiedliche Indexreihen können miteinander verkettet werden, wenn sich im Zeitablauf die Objekte geändert haben (z. B. andere Zusammensetzung des Warenkorbs). Eine Umbasierung wird dann vorgenommen, wenn zwei Indexreihen mit unterschiedlichen Basisjahren vorliegen. Umbasierung heißt, daß ein anderes Jahr zum Basisjahr deklariert wird.

Zusammenhänge erkennen

Bisher sind wir immer von recht einfachen Fragen ausgegangen – denken Sie an die „Krankentage aller Mitarbeiter" – und haben aus den Ergebnissen verschiedene Berechnungen angestellt. Dabei haben wir zwar eine Menge „Fakten" zusammengetragen, doch kaum Hintergründe zu diesen Tatsachen verdeutlicht.

Was machen Sie nun, wenn Sie ein wenig mehr über Ihre „Datenmassen" wissen wollen, wenn Sie bestimmte Zusammenhänge interessieren? Solche Fragestellungen über Zusammenhänge und Hintergründe gibt es im betrieblichen Alltag doch eine ganze Menge:

– Steht die Preisentwicklung im Zusammenhang mit der Umsatzentwicklung?

– Besteht ein Zusammenhang zwischen Maschinenlaufzeit und Reparaturanfälligkeit?

– Hängt die Unfallhäufigkeit mit den Sicherheitsmaßnahmen zusammen? usw.

Warum Zusammenhänge statistisch aufzeigen?

Solche Fragen werfen jedoch gleich die Vermutung auf, daß eine nähere Untersuchung doch gar nicht nötig sei, da sie schon aus der Erfahrung beantwortet werden könnten. Doch so groß Ihre Erfahrung auch sein mag, eine quantitative Darstellung können Sie aus ihr nicht ableiten – und vielleicht brauchen Sie einmal „harte Fakten", um die Zusammenhänge auch anderen stichhaltig aufzeigen zu können. Außerdem kann es oft wichtig werden, vermutete Zusammenhänge näher zu untersuchen, um Sicherheit in anstehenden Entscheidungen zu bekommen. Gerade Entscheidungen aus einer nicht näher belegten Erfahrung haben so manches Unternehmen schon in Schwierigkeiten gebracht.

Statistische Methoden bieten hier zwar keinen mathematischen Entscheidungsautomatismus mit hundertprozentiger Treffsicherheit, geben Ihnen aber zusätzliche Unterstützung, damit Sie kompetent und sicher entscheiden können.

Mit welchen statistischen Methoden?

Die „einfachen Fragen" haben Sie bislang geklärt, indem Sie in ihrer Grundgesamtheit einzelne Variablen untersucht haben. Wenn Sie Zusammenhänge herstellen wollen, müssen Sie die einzelnen Elemente nicht nur hinsichtlich einer Eigenschaft, sondern zusätzlich noch hinsichtlich einer weiteren Eigenschaft untersuchen. So entstehen zwei Reihen mit unterschiedlichen Merkmalsausprägungen. Die Merkmale beider Reihen sind als sogenannte **Wertepaare** miteinander verbunden.

Beispiel

Ein Unternehmen will untersuchen, wovon die Kundenzufriedenheit im wesentlichen abhängt. Dazu erhebt es in einer Umfrage die Anzahl der Wiederholungskäufe und neben anderen „Benotungen" des Unternehmens auch die Zufriedenheit mit den Serviceleistungen. Damit das Unternehmen zu brauchbaren Daten gelangt, sollen die Kunden den Kundenservice auf einer Skala von 1 bis 10 bewerten. Für die Statistik kann man nun das Wertepaar „Anzahl der Wiederholungskäufe" und „Grad der Zufriedenheit mit dem Service" heranziehen.

Natürlich sucht man diese Wertepaare nicht einfach willkürlich aus, sondern fragt, ob überhaupt ein Zusammenhang zwischen den beiden Variablen besteht, und wenn, wie groß (oder klein) dieser Zusammenhang ist. Vielleicht geht das Unternehmen aus dem obigen Beispiel davon aus, daß der Zusammenhang zwischen Wiederholungskäufen und Zufriedenheit mit dem Service sehr stark ist – aber vielleicht gibt es noch andere Gründe, etwa die Preisgestaltung, die die Kunden viel stärker bindet?

Die Frage nach den Zusammenhängen von verschiedenen Vorgängen oder Ergebnissen können Sie statistisch mit der **Korrelationsrechnung** lösen (ab Seite 67).

Außerdem möchte man vielleicht auch die Art des Zusammenhangs kennenlernen und diese dann möglichst in einer mathematischen Funktion annähernd wiedergeben können. Die **Regressionsrechnung** ist das geeignete statistische Instrument dafür. Mit ihr läßt sich etwa die Abhängigkeit der Steuereinnahmen von der Zahl der Erwerbstätigen darstellen.

Wo die statistische Untersuchung ihre Grenzen hat

Folgende Gesichtspunkte müssen Sie jedoch grundsätzlich beachten, wenn Sie Zusammenhänge statistisch untersuchen wollen:

- Die Betrachtung zweier Variablen ist meist schon eine Verdichtung, da in der Realität oft mehrere Variablen auf einen Sachverhalt einwirken: Die Umsätze bestimmen beispielsweise nicht nur der Preis, sondern auch die Werbung, die generelle Marktentwicklung (Zu- oder Abnahme anderer Anbieter), usw. Somit läßt sich durch die Auswahl der Merkmale das Ergebnis in manchen Fällen auch manipulieren.

- Wenn Sie statistisch einen Zusammenhang erkennen, so muß dies in der Realität nicht unbedingt so sein. Die Statistik selbst gibt keine Auskunft über kausale Zusammenhänge, denn sie wertet nicht. Zusammenhänge (z. B. Ursache-Wirkung) müssen Sie also bei Ihrer Beurteilung erst erkennen und überprüfen.

Wie Sie Zusammenhänge in Grafiken darstellen und erkennen

Erste Auskunft über mögliche Zusammenhänge können Punktdiagramme geben. Diese werden erstellt, indem in einem Koordinatensystem die Werte als Punkte an die Schnittstellen der beiden Achsenpositionen gesetzt werden. Und so können Sie sehen, ob ein Zusammenhang vorliegt:

Beispiel: Kein Zusammenhang

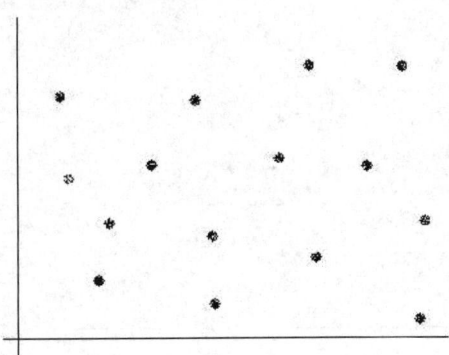

Sind die Daten über die ganze Fläche gestreut, liegt kein Zusammenhang zwischen den Variablen vor.

Beispiel: Positiver Zusammenhang

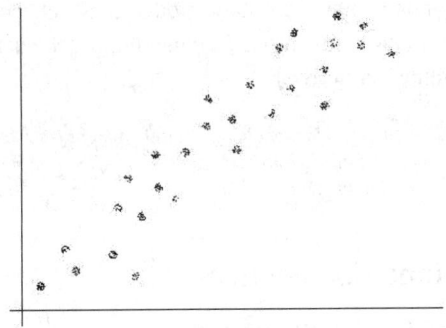

Liegen die Punkte fast auf einer Linie, die von links unten nach rechts oben geht, spricht man von einem positiven (linearen) Zusammenhang zwischen den Variablen.

Beispiel: Negativer Zusammenhang

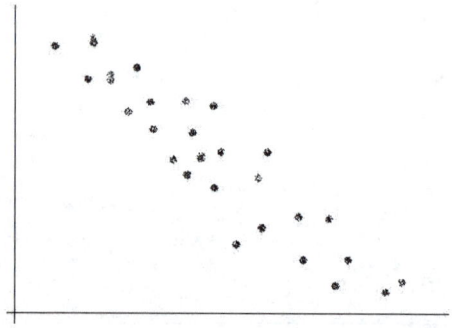

Liegen die Punkte fast auf einer Linie, die von links oben nach rechts unten läuft, spricht man von einem negativen (linearen) Zusammenhang zwischen den Variablen.

Man kann diese Zusammenhänge nun noch weiter differenzieren, indem man von starker oder schwacher Ausprägung spricht (stark positiver Zusammenhang, schwach negativer Zusammenhang usw.).

> ■ *Es können auch die Zusammenhänge zwischen mehr als zwei Variablen untersucht werden — dann spricht man von einer multiplen oder Mehrfachkorrelation bzw. -regression.* ■

Regressionen berechnen

Was ist wovon abhängig?

Über die verschiedenen Varianten und Ausprägungen der Regressionsrechnung ließe sich ein umfangreiches Kapitel füllen. In diesem Zusammenhang soll an einem Beispiel (der linearen Regression) gezeigt werden, wie diese zu nutzen ist.

Liegen zwei Reihen: xi und yi vor, sind zwei Darstellungsrichtungen möglich:

– die Variable xi wird als Funktion von yi

$$x_i = f(y_i)$$

– die Variable yi wird als Funktion von xi dargestellt

$$y_i = f(x_i)$$

Im ersten Fall bezeichnet man die Variable xi als die abhängige und die Variable yi als die unabhängige Variable. Im zweiten Fall ist es genau umgekehrt. Welche Variable abhängig ist und welche unabhängig, ergibt sich aus der statistischen Fragestellung. Hierzu ein ganz banales Beispiel:

Beispiel

Variante 1: Es ist ein Unfall (Variable x) geschehen, weil die Polizei (Variable y) kommt.

Variante 2: Die Polizei (Variable y) kommt, weil ein Unfall (Variable x) geschehen ist.

Natürlich ist hier die zweite Variante zu wählen, da sie uns nach bisherigem Erkenntnisstand logisch als die richtige erscheint.

Nimmt man einen linearen Zusammenhang an, so liegt eine **lineare Regression** vor, für die Sie folgende Gleichungen verwenden können:

$$x_i = a_1 + b_1 x_1 \qquad\qquad x_i = a_2 + b_2 x_2$$

Mathematiker haben daraus die sogenannten Normalgleichungen abgeleitet:

$$\sum_{i=1}^{n} y_i = na_1 + b_1 \sum x_i \qquad \sum_{i=1}^{n} x_i y_i = a_1 \sum x_i + b_1 \sum x_i^2$$

und

$$\sum_{i=1}^{n} x_i = na_2 + b_2 \sum y_i \qquad \sum_{i=1}^{n} x_i y_i = a_2 \sum y_i + b_2 \sum y_i^2$$

Da die Konstanten „a" und „b" berechnet werden müssen, ist eine weitere Ableitung von Gleichungen erforderlich:

$$b = \frac{\sum (x_i - \bar{x})(y_i - \bar{y})}{\sum (x_i - \bar{x})^2} \qquad\qquad a = \bar{y} - b\bar{x}$$

■ *Analog lassen sich auch die Parameter für die zweite Regressionsgerade ableiten.* ■

Wie Sie bei der Berechnung von Regressionen vorgehen

Wenn diese Reihe von Formeln zunächst erschreckt, so haben diese bei näherer Betrachtung doch etwas Erfreuliches: Mathematiker haben die Ableitungen und Herleitungen schon erledigt. Sie müssen für Ihre Statistik nur noch diese

Formeln mit Daten füllen, um zu Ergebnissen zu kommen. Auch dies ist leichter, als es zunächst aussieht. Die einzelnen Bestandteile sind ja bereits bekannt: Das komplizierteste Merkmal ist der Mittelwert. Um diese Formel nun zu füllen, wird einfach eine Tabelle erstellt, in der in Spalten die einzelnen Bestandteile entwickelt werden.

Beispiel: Zusammenhänge untersuchen

In einem Produktionsbetrieb soll der Zusammenhang zwischen Maschinenlaufzeiten und Reparaturkosten untersucht werden.

Maschinenlaufzeit in 1000 Std. (x_i)	Reparaturkosten in TDM (y_i)	$x_i - x''$	$y_i - y''$	$(x_i - x'')^2$	$(y_i - y'')^2$	$(x_i - x'') * (y_i - y'')$	lineare Regression
0,5	7,500	-0,85	-0,91	0,72	0,83	0,77	7,36
0,6	7,750	-0,75	-0,66	0,56	0,43	0,49	7,48
0,7	7,250	-0,65	-1,16	0,42	1,34	0,75	7,61
0,8	7,400	-0,55	-1,01	0,30	1,02	0,55	7,73
0,9	7,900	-0,45	-0,51	0,20	0,26	0,23	7,85
1,0	8,000	-0,35	-0,41	0,12	0,17	0,14	7,98
1,1	8,100	-0,25	-0,31	0,06	0,10	0,08	8,10
1,2	8,500	-0,15	0,09	0,02	0,01	-0,01	8,22
1,3	8,400	-0,05	-0,01	0,00	0,00	0,00	8,35
1,4	8,350	0,05	-0,06	0,00	0,00	0,00	8,47
1,5	8,550	0,15	0,14	0,02	0,02	0,02	8,59
1,6	8,700	0,25	0,29	0,06	0,09	0,07	8,72
1,7	9,050	0,35	0,64	0,12	0,41	0,22	8,84
1,8	8,800	0,45	0,39	0,20	0,15	0,18	8,96
1,9	9,100	0,55	0,69	0,30	0,48	0,38	9,09
2,0	9,300	0,65	0,89	0,42	0,80	0,58	9,21
2,1	9,250	0,75	0,84	0,56	0,71	0,63	9,33
2,2	9,450	0,85	1,04	0,72	1,09	0,89	9,46
24,3	**151,4**			**4,85**	**7,89**	**5,98**	

(Achtung: x'' und y'' in der Tabelle bezeichnen die Mittelwerte!)

Das Vorgehen ist einfach:

1 Im ersten Schritt schreiben Sie die beiden Variablen (Maschinenlaufzeit und Reparaturkosten) in nebeneinander liegende Spalten.

2 In den daneben liegenden Spalten errechnen Sie dann die Ausdrücke, die für die Formel benötigt werden.

3 Aus den Summen ergeben sich dann die Werte, die in die Formel eingesetzt werden können.

Im Beispiel ergibt sich:

$$b = 5,98/4,85 = 1,04$$
$$a = 8,408 - 1,23 * 1,4 = 6,69$$

Daraus ergibt sich die Regressionsfunktion:

$$y = 6,69 + 1,23x$$

Diese kann nun in das Punktdiagramm eingezeichnet werden und ergibt die Regressionsgerade. Dabei genügt es, für wenige „x" einen Punkt zu setzen und anschließend eine Linie zu ziehen. Im Beispiel könnte die Linie gezogen werden aus den Punkten 0,5 und 2,0 (auf der x Achse).

Aus dem Diagramm kann nun abgelesen werden, daß die Reparaturkosten bei zunehmender Maschinenlaufzeit steigen.

Beispiel: Darstellung des Zusammenhangs im Punktdiagramm

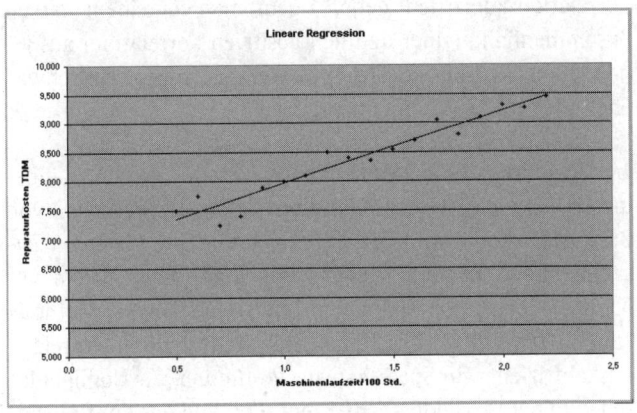

Das ist ein ganz schöner Rechenaufwand. Mit einer modernen Tabellenkalkulation können Sie ihn aber auf ein Minimum reduzieren.

> ■ *Manche Tabellenkalkulationsprogramme haben bereits Funktionen zur Ermittlung der Regressionsfunktionen eingebaut, so daß die Berechnung sogar entfallen kann, wenn die beiden Variablen erfaßt sind.* ■

Korrelationen feststellen – wie stark ist der Zusammenhang?

Wie zu Beginn dieses Kapitels bereits erläutert, gibt es auch eine mathematische Größe, die die Stärke des Zusammenhangs bestimmt (falls einer besteht): der Korrelationskoeffizient. Es gibt verschiedene Arten: Die bekanntesten sind der Korrelationskoeffizient von Bravais/Pearson und die Rangkorrelation sowie der lineare Korrelationskoeffizient.

Als Faustregel können Sie sich merken, daß, wenn dieser Korrelationskoeffizient gegen 1 geht, man von einem starken Zusammenhang (einer deutlich positiven Korrelation) ausgehen kann. Liegt der Koeffizient unter 0,5, so liegt ein schwacher oder kein Zusammenhang vor.

Die Stärke des Zusammenhangs zwischen zwei Abstandsmerkmalen wird durch den Korrelationskoeffizienten von Bravais/Pearson erfaßt, soweit es sich um einen linearen Zusammenhang handelt. Liegen keine metrischen Daten vor (Ordinal- oder Nominalskalen), muß eine andere Methode eingesetzt werden. Für Ordinaldaten steht der Rangkorrelationskoeffizient von Spearman zur Verfügung, für Nominaldaten wird der Vierfelder-Koeffizient (Phi) und das Kontingenzmaß von Pearson eingesetzt.

Wurde nach der im vorangegangenen Abschnitt beschriebenen Methode eine lineare Regression berechnet, bietet sich der lineare Korrelationskoeffizient an, da er auf die ermittelten Daten Bezug nehmen kann. Die Formel lautet:

$$r = \frac{\sum (x_i - \bar{x})(y_i - \bar{y})}{\sqrt{\sum (x_i - \bar{x})^2 \sum (y_i - \bar{y})^2}}$$

Auf das Beispiel bezogen, kann in die Funktion eingesetzt werden:

$$r = \frac{5{,}98}{\sqrt{4{,}85 * 7{,}89}} = 0{,}967024$$

Trends aufzeigen

Was immer interessant zu wissen ist, wie es in Zukunft weitergeht. Davon leben nicht nur Politiker – die spätestens bei anstehenden Wahlen mit ihren Versprechungen anfangen. Davon leben auch Meteorologen, die versuchen, das Wetter der kommenden Tage vorherzusagen, und davon leben nicht zuletzt Statistiker, die versuchen, Trends zu ermitteln – sei es vor und an Wahltagen oder in volks- oder betriebswirtschaftlichen Fragestellungen.

Zeitreihen bilden und untersuchen

Um überhaupt Vorhersagen versuchen zu können, müssen Sie sich mit Zeitreihen auseinandersetzen. Denn erst, wenn Sie die bisherige Entwicklung einbeziehen, können Sie auch Prognosen für die zukünftige Entwicklung treffen. Eine Zeitreihe bilden Sie ganz einfach, indem Sie Merkmale in regelmäßigen Abständen „messen", also einer zeitlichen Struktur zuordnen.

Beispiel

Nicht nur Demoskopen interessieren sich z. B. für die Trends in der Bevölkerungsentwicklung: Hier werden Veränderungen der Lebenserwartung von Männern und/oder Frauen, die Entwicklung der Geburtenrate oder die Entwicklung der Alterspyramide untersucht. Dabei werden die entsprechenden Zahlen auf verschiedene Zeitpunkte (z. B. Jahre) bezogen und aneinandergereiht.

Dann müssen Sie versuchen, wesentliche Eigenschaften dieser Reihe herauszuarbeiten. Die wichtigsten Erkenntnisse, die Sie daraus gewinnen können, sind:

- **Trend:** Durch den Trend können Sie die Grundrichtung einer Zeitreihe ablesen. Der Trend kann zeichnerisch, in einem Diagramm (über gleitende Durchschnitte) oder mathematisch bestimmt werden. Wenn keine anderen, wesentlichen Einflußgrößen vorliegen, kann über den Trend zumindest die nächste Entwicklung vorhergesagt werden.

- **Konjunkturelle Bewegungen:** Wachstum verläuft nicht linear, sondern unterliegt Schwankungen. Wirtschaftliche Aktivität findet eben auch nicht gleichmäßig, sondern mal stärker und mal schwächer statt. Diesen Vorgang bezeichnet man als Konjunkturschwankung. Wachstumsschwankungen haben Einfluß auf den Trend.

- **Saisonale Einflüsse:** Einflüsse, die relativ regelmäßig wiederkehren (z. B. Sommer: Urlaubszeit – Winter: abnehmende Tätigkeit im Baugewerbe) nennt man saisonale Einflüsse.

- **Kalenderunregelmäßigkeiten:** Nicht jeder Monat hat gleich viele Arbeitstage. Durch die beweglichen Feiertage kann es sogar passieren, daß einzelne Monate erheblich weniger Arbeitstage haben als andere. Wenn weniger produziert, ausgeliefert oder überhaupt gearbeitet werden kann, so hat das auf die Durchschnittsergebnisse durchaus einen Einfluß.

- **Irreguläre Einflüsse:** Einmalige, ohne Regelmäßigkeit auftretende Schwankungen nennt man irregulär.

Wie Sie den Trend berechnen

Die wichtigste Zeitreihenanalyse ist sicherlich die Trendberechnung. Dazu können Sie unterschiedliche Methoden verwenden:

- Die einfachste ist sicherlich die rein zeichnerische in einem **Diagramm.** In einem Punkt oder Liniendiagramm kann zur realen Entwicklung eine Trendentwicklung „nach Augenschein" vorgenommen werden. Diese Methode ist aber nicht immer sicher.

- Nicht viel komplizierter, aber wesentlich genauer ist die Trendermittlung durch **gleitende Durchschnittswerte** (siehe Beispiel unten).

Gleitende Durchschnittwerte berechnen

Dazu bilden Sie aus mehreren aufeinanderfolgenden Werten einer Zeitreihe einen Mittelwert. Die Anzahl der Werte, die in die Berechnung einfließen, bleibt immer gleich. Kommt ein neuer Zeitreihenwert hinzu, fällt hinten einer fort.

Doch beachten Sie: Je nachdem, wie viele Einzelwerte in die Berechnung des gleitenden Durchschnitts eingerechnet werden, wirken sich die Einzelwerte stärker oder schwächer im Trend aus:

- Bei wenigen Werten besteht die Gefahr, daß der Einzelwert noch zu stark wirkt.

- Bei zu vielen Werten besteht die Gefahr, daß der Trend durch die zu starke Nivellierung verfälscht (meist verflacht) wird.

Sinn macht es daher, die Anzahl der Einzelwerte an die zu betrachtenden Perioden anzupassen (z. B. maximal 4, wenn Sie Quartale, maximal 12, wenn Sie Monate untersuchen). Bei Unsicherheit ist es statthaft, zunächst gleitende Durchschnitte mit unterschiedlichen Einzelwerten zu erstellen und anschließend zu betrachten.

Trendberechnung (gleitender Durchschnitt)

Jahr	Umsatz	Gleitender Durchschnitt aus 4 Werten	aus 5 Werten	aus 6 Werten
1980	275 400			
1981	325 900			
1982	330 400			
1983	335 500	316 800		
1984	380 900	343 175	329 620	
1985	393 440	360 060	353 228	340 257
1986	402 800	378 160	368 608	361 490
1987	399 500	394 160	382 428	373 757
1988	405 000	400 185	396 328	386 190
1989	415 200	405 625	403 188	399 473
1990	420 500	410 050	408 600	406 073
1991	435 700	419 100	415 180	413 117
1992	450 200	430 400	425 320	421 017
1993	439 850	436 563	432 290	427 742
1994	459 750	446 375	441 200	436 867
1995	465 000	453 700	450 100	445 167
1996	470 350	458 738	457 030	453 475
1997	471 200	466 575	461 230	459 392
1998	474 300	470 213	468 120	463 408

Spalte 3: 1983 wird erstmals ein gleitender Durchschnitt aus den vier Jahren zuvor (1980-1983) gebildet; ein Jahr später der gleitende Durchschnitt von 1981-1984 usw.

Spalte 4: Hier wird 1984 erstmals der gleitende Durchschnitt aus den zurückliegenden 5 Jahren gebildet.

Spalte 5: Hier liegt 1985 erstmals ein gleitender Durchschnitt aus 6 Werten vor.

Die Beispieltabelle zeigt, daß bereits bei 4 Einzelwerten ein Trend halbwegs deutlich zu erkennen ist. Die einzelnen Umsatzrückgänge (z. B. im Jahr 1987 und 1993) führen nicht zu einem Rückgang beim Trend. Die Durchschnittsberechnungen aus 5 und 6 Einzelwerten flachen den Trend nur weiter ab, ohne ihn wesentlich zu verändern.

Mit Hilfe der Differentialrechnung können – ähnlich wie bei der linearen Regression – über Ableitungen Gleichungen ermittelt werden, die einen Trend grafisch widerspiegeln. Doch diese Methode des gleitenden Durchschnitts ist für viele betriebliche Situationen bereits ausreichend und kann vielseitig eingesetzt werden.

Statistiken präsentieren

Die Zahlen sprechen für sich – mag der sagen, der sich dauernd mit ihnen beschäftigt und sie statistisch aufbereitet. Aber ob die Zahlen auch ein Außenstehender versteht, ist nicht immer sicher. Damit Sie Ihre Ergebnisse auch anderen knapp und prägnant vermitteln können, sollten Sie die Statistiken grafisch aufbereiten und wirkungsvoll präsentieren.

So werden statistische Tabellen erstellt

In den vorangegangenen Abschnitten wurde die Darstellung des Zahlenmaterials in Tabellen bereits vorgeführt. Grundsätzlich sollten Sie dabei einige Regeln beachten, insbesondere dann, wenn die Tabellen zur Veröffentlichung des statistischen Materials dienen.

Jede Tabelle sollte einen **Titel** haben, der den Inhalt kennzeichnet. Dieser Titel steht über dem eigentlichen **Hauptteil**, der die Daten enthält. Eine Tabelle besteht bei näherer Betrachtung aus Spalten und Zeilen. Im Tabellenkopf und ggf. der Vorspalte werden die einzelnen Inhalte beschrieben. Unter der Tabelle können Anmerkungen zu einzelnen Tabellendetails gemacht werden. Es sollte dort auch eine **Quellenangabe** stehen.

> ■ *Eine Tabelle sollte, soweit möglich, aus sich selbst heraus verständlich sein. Je weniger Erläuterungen in Fußnoten benötigt werden, um so eindeutiger ist auch die Tabelle.*

Beispiel: Eine Tabelle gestalten

Arbeitsausfall durch Krankheit 1998
bei Mitarbeitern der Beispiel GmbH

Krankentage [1]	Frauen	Männer	insgesamt
bis 2 Tage	12	18	30
3-5 Tage	4	6	10
6-8 Tage	1	5	6
9-11 Tage	2	0	2
12-14 Tage	0	1	1
15 Tage und mehr	0	1	1
Summen	19	31	50

[1] Arztgänge während der Arbeitszeit wurden nicht berücksichtigt.
Quelle: Eigene Erhebung der Personalberatung Meyerhof GmbH, 3/99

Worauf Sie beim Interpretieren achten müssen

In der Tabelle taucht mehrere Male der Wert 0 auf. Dieser besagt in diesem Fall, daß in dieser Klasse keine Merkmale gezählt werden konnten. Tatsächlich ist das aber nicht korrekt, sondern ein Zugeständnis an die Berechnungsmöglichkeiten der Tabellenkalkulationen.

In amtlichen Statistiken gilt folgende Regel:

- Ein „-" kennzeichnet genau den Wert „Null".

- Eine „0" kennzeichnet einen von „Null" verschiedenen Wert, der aber kleiner als die kleinste Einheit ist.

- Ein „•" sagt, daß kein Nachweis erbracht werden konnte.

Da es keine offiziellen Festlegungen zur Tabellengestaltung gibt, sondern nur Empfehlungen, müssen Sie, wenn Sie Tabellen interpretieren, eine Unsicherheit bei der Darstellung immer miteinbeziehen.

Checkliste: Tabellengestaltung

- Liegen die Datenbestände in einer Urliste vor oder sind sie schon sortiert oder gruppiert?

- Falls nicht, müssen Sie die Daten immer in eine Rangfolge bringen (sortieren).

- Die sortierten Daten müssen Sie dann nach Häufigkeiten zusammenfassen.

- Falls es sich um viele Merkmale handelt, sind diese zu klassifizieren.

- Liegt „offensichtlich" keine gleichmäßige Häufigkeitsverteilung der Daten vor, sind die Werte je Merkmal zu kumulieren (absolut und in Prozentwerten).

- Die Daten müssen Sie anschließend in einer Tabelle zusammenfassen.

- Zum Schluß müssen Sie der Tabelle einen Titel geben und Quellenangaben machen (Wo kommen die Daten her?).

Wirkungsvoll präsentieren mit Diagrammen

Die bekannteste Form, in der Statistiken präsentiert werden, ist das Diagramm, das Sie in unterschiedlichen Ausprägungen finden. In den verschiedenen Medien begegnen uns Diagramme häufiger als die reine statistische Zahlendarstellung. Kein Wunder, denn „ein Bild sagt mehr als tausend Worte".

Wie Sie ein Stabdiagramm erstellen

Die einfachste Darstellung, das Stabdiagramm, können Sie zweidimensional in einem Koordinatensystem erstellen.

Beispiel: Stab-Diagramm

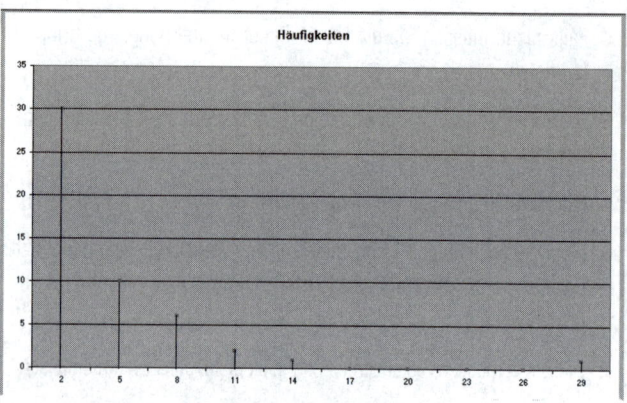

Genaue Werte, aber keine sehr übersichtliche Darstellung bietet das Stabdiagramm – auch hier wieder unser Beispiel „Krankentage".

Auf der X-Achse tragen Sie die Ausprägungen der Untersuchungsvariablen ab, auf der Y-Achse die Häufigkeiten. Die einzelnen Werte zeichnen Sie dann mit Punkten in das Diagramm. Dann ziehen Sie eine Linie parallel zur Y-Achse bis zur X-Achse.

Vorteile und Nachteile des Stabdiagramms

Das Stabdiagramm ist optisch nicht unbedingt die eindrucksvollste Art, Ihre statistischen Ergebnisse zu präsentieren. Es gibt aber die statistischen Daten genau und korrekt wieder. Und im Gesamtzusammenhang unterstreicht dieses Diagramm die Aussage der Tabelle mehr als ausreichend. Ein weiterer Nachteil ist allerdings, daß moderne Tabellenkalkulationsprogramme (z. B. MS-Excel) solche Stabdiagramme meist nicht direkt erstellen können. Sie müssen manuell in die Diagrammerstellung eingreifen, um zu solchen Ergebnissen zu kommen.

Kurven bringen Dynamik ins Diagramm

Stetige Verteilungen und die Veränderung von Meßzahlen im Zeitablauf werden gern als Kurvendiagramm dargestellt. Verbindet man z. B. die Punkte in einem Stab-Diagramm, so erhält man eine Linie, die auch als **Polygonzug** bezeichnet wird. Gestaltet man die Punkte und deren Verbindung detaillierter aus, spricht man von einem **Kurvendiagramm**.

Beim Kurvendiagramm sollten Sie – wie bei allen grafischen Darstellungen generell – darauf achten, alle notwendigen Informationen durch Beschriftungen darzustellen. Der

Kurvenverlauf einer Linie ist zwar in seiner Grundtendenz wichtig, dazu gehören aber wenigstens die Werte in einer groben Skalierung auf den beiden Achsen.

Beispiel: Polygonzug im Stabdiagramm

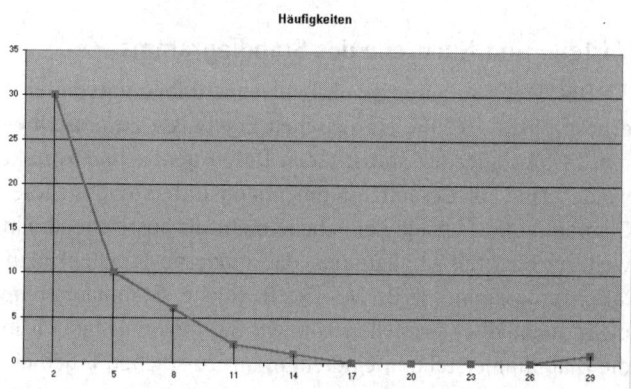

So sieht der Polygonzug unseres Beispiels „Krankentage" aus.

Optisch ansprechend: Histogramm, Balken- und Säulendiagramm

Beim Histogramm werden keine Linien gezogen, sondern breite Balken gezeichnet. Hier haben Sie die Häufigkeiten also als Fläche dargestellt. Bei gleicher Klassenbreite sind die Histogramm-Balken auch gleich breit; allerdings gehen sie auch nahtlos ineinander über.

Beispiel: Histogramm

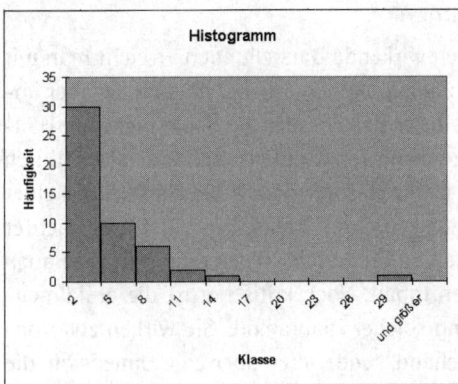

Das Histogramm stellt die Häufigkeiten der Fehlzeiten aus dem Beispiel „Krankentage" anschaulich dar. Die Balken können farblich abgehoben werden.

Vor- und Nachteile des Histogramms

Histogramme sind optisch schon etwas ansprechender. Außerdem können Sie durch passende (z. B. farbliche) Gestaltung die Histogramm-Balken „aufpeppen". Beachten Sie dabei jedoch, das Zahlenmaterial durch die Darstellung nicht zu beeinflussen – indem Sie z. B. einem Balken, der gar nicht hervorzuheben ist, durch eine auffällige Farbe in den Vordergrund rücken.

Moderne Tabellenkalkulationsprogramme stellen Histogramme allerdings oft nicht richtig dar. So gibt MS-Excel ein einfaches Säulendiagramm als Histogramm aus. Tatsächlich müssen dann aber erst noch die Abstände zwischen den Säulen entfernt werden, um ein echtes Histogramm zu erhalten.

Vor- und Nachteile von Balken- und Säulendiagrammen

Ähnlich optisch wirkende Darstellungen erreicht man mit Balken- und Säulendiagrammen. Hierbei müssen Sie aber immer beachten, daß der Balken oder die Säule nicht die Häufigkeit durch die Fläche repräsentiert, sondern allein durch seine Höhe bzw. Länge. Insofern kann die Darstellung einer Säule oder eines Balkens irreführend sein, da der Betrachter annehmen könnte, die Breite oder Dicke repräsentieren auch einen statistischen Inhalt. Noch kritischer ist die dreidimensionale Darstellung solcher Diagramme. Sie wirken zwar optisch sehr ansprechend, suggerieren aber eine Dimension, die tatsächlich aus dem Datenmaterial gar nicht darzustellen ist.

Eine weitere Variante dieses Diagrammtyps sind die gestapelten Säulen oder Balken. Sie entsprechen in etwa den kumulierten Werten einer Tabelle. Dabei werden verschiedene Merkmale in einer Säule übereinander dargestellt, die sich durch Farben oder Muster hervorheben lassen.

Beispiel: Gestapelte Säulen

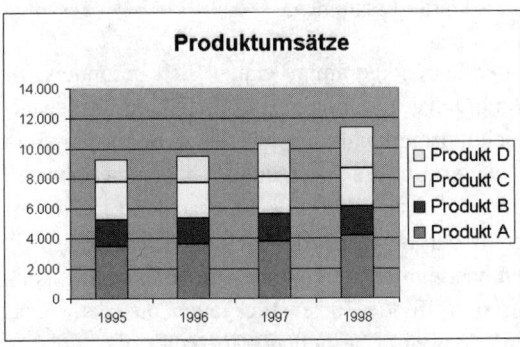

Dieses Säulendiagramm „stapelt" mehrere Merkmale aufeinander. Sie können hier nicht nur ablesen, wie hoch der Gesamtumsatz aller Produkte im Vergleich mehrerer Jahre ist, sondern auch, welchen Anteil einzelne Produkte jeweils daran haben.

Hier können Sie Ihre Phantasie einsetzen

Innerhalb dieses Diagrammtyps gibt es noch zahlreiche weitere Varianten. Eine beliebte Spielart ist die, statt der einfachen Balken und Flächen Symbole zu stapeln. Bei einer Statistik der Automobilumsätze könnten Autos übereinandergestapelt werden, bei einer Bevölkerungsstatistik kleine Menschensymbole. Solche Diagramme sind nicht nur regelmäßig in der Presse zu finden, sondern eignen sich sicherlich auch für einen Werbegag.

Eine runde Sache: Tortendiagramme

Kreis- oder Tortendiagramme zeigen auf einen Blick, wie etwas verteilt ist. Vielleicht sind sie deshalb so beliebt, weil hier kein Koordinatenkreuz mehr erscheint – so wirken diese statistischen Präsentationen weniger „mathematisch", lassen aber besonders klare Aussagen zu.

Kreis- oder Tortendiagramme eignen sich besonders für die Darstellung von Aufteilungen. Die Verteilung des jeweilgen Untersuchungsmerkmals spiegelt sich dann in den „Tortenstücken" wider. Um die Darstellung mit genauen, harten Fakten zu untermauern, sollten Sie die Verteilung in Prozent auch immer in der Beschriftung mit angeben (s. Beispiel). Wenn Sie ein bestimmtes Merkmal hervorheben wollen, können Sie das betreffende Tortenstück auch aus dem Kreis „herauslösen" - das wirkt besonders effektvoll.

Der Nachteil von Kreisdiagrammen ist, daß Sie damit immer nur ein Merkmal darstellen können (im Beispiel „Mitglieder"). Bei zwei oder mehr Merkmalen müssen zwei oder entsprechend mehr Kreisdiagramme nebeneinander gestellt werden, was schnell unübersichtlich wirken kann.

Beispiel: Kreisdiagramm

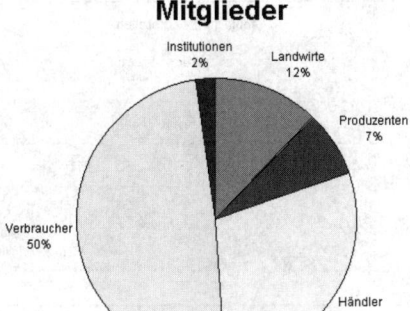

Auch bei den optisch klaren Tortendiagrammen dürfen Sie die Überschrift und die Beschriftung der „Tortenstücke" nicht vergessen!

Mit Streudiagrammen Zusammenhänge darstellen

Als letzter Typ wieder ein Diagramm, das im Koordinatenkreuz dargestellt werden muß: das Streudiagramm. Es wird benutzt, wenn ein Zusammenhang zwischen zwei Untersuchungsvariablen überprüft werden soll. Man spricht in diesem Fall von einer bivariaten Häufigkeitsverteilung.

Werden etwa in einer Produktion die Ausschußprodukte untersucht auf Löttemperatur bei der Produktion und festgestellte fehlerhafte Lötstellen, so wird versucht, einen Zusammenhang zwischen Löttemperatur und fehlerhafte Lötstellen festzustellen.

Beispiel: Streudiagramm

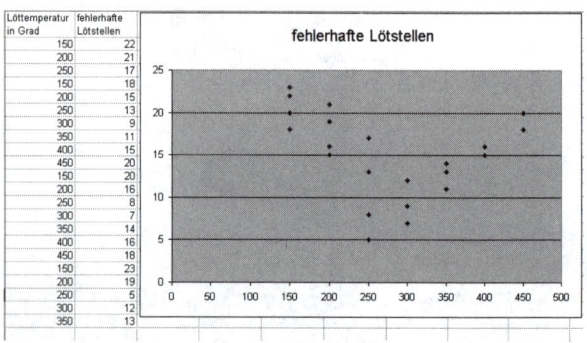

Löttemperatur in Grad	fehlerhafte Lötstellen
150	22
200	21
250	17
150	18
200	15
250	13
300	9
350	11
400	15
450	20
150	20
200	16
250	8
300	7
350	14
400	16
450	18
150	23
200	19
250	5
300	12
350	13

Die Formel steht in der Bearbeitungsleiste

Die richtige Darstellung aussuchen

Bei der Wahl eines Diagrammtyps sollte zunächst die Frage im Vordergrund stehen: „Wie stelle ich die statistischen Werte angemessen dar?" (siehe Checklisten unten)

Erst danach kommt die Frage nach der Zielgruppe:

■ Für eine wissenschaftliche oder rein dokumentarische Arbeit ist die eher sachlich nüchterne, weitgehend korrekte Art der Darstellung (Stab-Diagramm, Histogramm, Kurven- oder Streudiagramm) angemessen.

■ Für eine allgemeinverständliche, populäre Darstellung können auch andere Diagramme gewählt werden, soweit dadurch die Daten und die Aussage nicht grob verfälscht werden.

Welche grafische Darstellung ist nun für Ihre Zahlen angemessen und sinnvoll? Die folgenden Checklisten können Ihnen bei der Erstellung von Diagrammen helfen.

Checkliste: Welches Diagramm ist das richtige?

Was wollen Sie zeigen?	Diagramm und Vorgehen
■ Sie wollen eine Häufigkeits-verteilung für ein statistisches Merkmal darstellen.	⇨ **Histogramm;** Häufigkeiten müssen in einer sortierten und gruppierten Urliste vorliegen.
■ Sie wollen die **Klassen-mittelpunkte** deutlich hervorheben.	⇨ Histogramm durch ein **Polygon** ergänzen: Dazu legen Sie eine Linie über die Säulen des Histogramms und verbinden die Klassenmittel-punkte untereinander.
■ Sie wollen eine Häufigkeits-verteilung darstellen, der **zwei Merkmale** (Untersuchungs-variablen) zugrunde liegen.	⇨ Sie erstellen ein **Streudia-gramm.**
■ Sie wollen kumulierte Werte darstellen.	⇨ **gestapelte Diagrammform:** Balken, Säulen, Linien – seltener die Fläche
■ Ihre nominal- oder ordinal skalierten Daten lassen sich im Koordinatenkreuz nur un-zureichend sinnvoll darstellen	⇨ das **Kreis-** oder **Torten-diagramm.**

■ Sie suchen nach der besten Lösung für eine Aufteilung bzw. Verteilung.	⇨ **Tortendiagramm;** denken Sie auch an die Möglichkeit, wichtige Tortenstücke herauszulösen.
■ Sie wollen Zeitreihen darstellen.	⇨ **Liniendiagramm**

Checkliste: Wie das Diagramm aufbereiten?

■ Für welche Zielgruppe ist das Diagramm?

■ Ist die Darstellungsform für das, was Sie zeigen wollen, geeignet?

■ Ist das Diagramm sachlich aufbereitet?

■ Können alle wichtigen Daten aus dem Diagramm ohne Schwierigkeit und zusätzliche Erklärungen abgelesen werden?

■ Hat das Diagramm einen Titel? Geht der Inhalt aus dem Titel möglichst knapp, aber deutlich hervor?

■ Haben Sie unterhalb des Diagramms die Quelle der Daten angegeben?

■ Ist das Diagramm übersichtlich beschriftet?

Ergänzende Tips für Ihre Darstellung

■ Sind mehrere Variable in dem Diagramm dargestellt, ist eine **Legende** unter Umständen informativer als die direkte Beschriftung im Diagramm.

- Kommt es nicht so sehr auf die Exaktheit der Darstellung an, sondern auf die Plastizität der Ergebnisse, so können die einfachen Diagrammsymbole (Stab, Balken, Säule, Torte, Linie) durch **Symbole** ersetzt werden. (z.B. Geldstücke bei der Darstellung von Beträgen, Autos bei der Darstellung einer Autostatistik).

- Gehen Sie mit dreidimensionalen Diagrammobjekten sparsam um. Es wird eine Dimension vorgetäuscht, die tatsächlich gar nicht dargestellt werden kann. Haben Sie sich trotzdem für eine dreidimensionale Grafik entschieden, müssen Sie darauf achten, daß durch die Dreidimensionalität nicht Daten verdeckt werden.

„Wenn Sie den Strich jetzt nach unten ziehen, sind Sie entlassen!"

Statistik im Betrieb anwenden

Kennzahlen als Controllinginstrument

Statistik ist für viele Unternehmen ein wichtiges Controllinginstrument, mit dem betriebliche Abläufe überwacht werden. Viele statistische Anwendungen finden sich vor allem bei der Bildung von Kennzahlen. Kennzahlen sollen Beziehungen zwischen und in einzelnen Bereichen kenntlich machen und Übersichten und Vergleiche ermöglichen. Als Kennzahlen werden Verhältniszahlen, Gliederungszahlen, Beziehungszahlen oder Indexzahlen benutzt (siehe Kapitel „Mit den richtigen Berechnungen zum Statistikprofi"). Eine Warnung soll an dieser Stelle noch einmal wiederholt werden: Sie sollten Kennzahlen möglichst immer durch zusätzliche Informationen (durch absolute Zahlen oder direkte Erläuterungen) untermauern, damit sie im richtigen Zusammenhang gesehen werden können. Außerdem ist es sinnvoll, für das gesamte Unternehmen einen Katalog von Kennzahlen zusammenzustellen, der die Situation des Betriebes und seine Entwicklung sinnvoll widerspiegeln kann.

■ *Manche Kennzahlen werden täglich oder wöchentlich, manche monatlich, quartalsweise oder jährlich (nach und aus dem Jahresabschluß) ermittelt. Auf jeden Fall sollten Sie Ihre Kennzahlen regelmäßig errechnen, denn erst der Vergleich läßt Aufschlüsse über Entwicklungen zu.* ■

Den Erfolg statistisch darstellen

Das, was am ehesten interessant erscheint, ist der Erfolg, den ein Unternehmen am Markt und in wirtschaftlicher Hinsicht hat. Diesen Erfolg können Sie zwar auch durch konkrete Zahlen dokumentieren (Umsatzzahlen, Zahlen der betrieblichen Erfolgsrechnung); einordnen können Sie ihn aber erst, wenn Sie Zusammenhänge verdeutlichen – und dies läßt sich mit verschiedenen statistischen Berechnungen tun.

Dabei sollten Sie jedoch nicht nur den Umsatzverlauf mengen- und wertmäßig untersuchen, sondern auch einzelne Details wie Auftragsbestand, Warengruppen, Vertreter bzw. Verkaufsgebiete sowie Kunden und Kundengruppen betrachten.

Was sagen Ihnen Umsatzstatistiken?

Wenn etwa die Umsatzentwicklung über eine längere Zeit genau und zeitnah beobachtet wird, können Sie nicht nur Aussagen zu der saisonalen Entwicklung treffen, sondern auch die anderen Gründe für eine schwankende Nachfrage erkennen. Deshalb ist eine enge Ermittlung von Umsatzkennzahlen (und deren Aufbereitung in einem fortzuführenden Diagramm) besonders wichtig.

Sie sollten auch unbedingt darauf achten, mehrere Perioden gleichzeitig darzustellen: etwa die letzten 3 Jahre. Hier werden Entwicklungen über längere Zeiträume schon durch Augenschein sofort deutlich.

Die Preisentwicklung beobachten

Preise lassen sich nur in den seltensten Fällen beliebig am Markt gestalten. Daher ist die Preisentwicklung ein recht wichtiges Thema im Zusammenhang mit dem Umsatz. Eine einfache Auskunft gibt bereits die Darstellung der Durchschnittspreise wieder. Genauer bekommen Sie die Entwicklung gezeigt, wenn Sie diese Durchschnittspreise zu den rechnerisch ermittelten Durchschnittspreisen des Vorjahres (der sich theoretisch ergeben hätte, wenn die Menge des Berichtsjahres zu den Preisen des Vorjahres abgesetzt worden wäre) ins Verhältnis setzen.

$$PVD = \frac{\dfrac{\sum p_0 m_1}{\sum m_1}}{\dfrac{\sum p_0 m_1}{m_1}}$$

p = Preise; m = Menge

Diese Indexzahl spiegelt auch das wider, was sich nicht aus den absoluten Zahlen ablesen läßt. Die Behauptung, „wir mußten die Preise senken, um durch höhere Umsätze bessere Erträge zu erwirtschaften", wird erst durch solche Untersuchungen wirklich transparent – und oft auch entlarvt.

Das Kundenverhalten beobachten

Dann sollten Sie auch Ihren Kundenstamm sowie die Absatzgebiete und Vertreter (falls für das Unternehmen solche tätig sind) beobachten: Wie verhalten sich (bestimmte oder alle) Kunden – aktuell und im Vergleich mit vorhergegangenen Perioden? Dazu können Sie auch regelmäßig Kundenumfragen durchführen oder Marktforschungsinstitute mit Untersuchungen beauftragen.

Unternehmen mit wenigen Kunden, die hohe Umsätze tätigen, werden diese im einzelnen oder in kleinen Gruppen betrachten wollen. Unternehmen, bei denen der einzelne Kunde keine so große Rolle spielt, da eine Vielzahl von Kunden bedient wird, wird eher das Verhalten der Kunden insgesamt interessieren. Darüber hinaus ist es auch sinnvoll, bestimmte Kostengruppen, die in einem direkten oder indirekten Verhältnis zum Umsatz (und Erfolg) stehen, zu betrachten, so etwa die Marketingkosten, die ja entstehen, wenn ein langfristiger Produkterfolg garantiert werden soll.

Eine Übersicht über wichtige Kennzahlen zum Erfolg gibt die folgende Tabelle wieder:

Kennzahlen zum Erfolg

Kennzahl	Berechnung
Auftragsfluß	Auftragseingang / Auftragsbestand
Auftragsintensität	Auftragseingang / Anzahl Kunden
Umsatz-Auftragsbestandsvergleich	Umsatz / Auftragsbestand

Umsatz- Lagerbestandsvergleich	$\dfrac{\text{Umsatz}}{\text{Lagerbestand}}$
Durchschnittlicher Umsatz je Bestellung	$\dfrac{\text{Umsatzwert}}{\text{Anzahl Bestellungen}}$
Umsatzanteil	$\dfrac{\text{Artikel/Artikelgruppe}}{\text{Gesamtumsatz}}$
Umsatzentwicklung	$\dfrac{\text{Umsatz Berichtsperiode}}{\text{Umsatz Basisperiode}}$
Umschlagshäufigkeit	$\dfrac{\text{Umsatz}}{\text{Lagerbestand}}$
Relation zum Eigenkapital	$\dfrac{\text{Umsatz}}{\text{Eigenkapital}}$
Marketingkostenvergleich	$\dfrac{\text{Marketingkosten}}{\text{Umsatz}}$
Rentabilitätskontrolle	$\dfrac{\text{Werbekosten}}{\text{Rohgewinn}}$

■ *Beachten Sie, daß Sie die ermittelten Zahlen mit 100 multiplizieren müssen, wenn Sie eine Prozentzahl erhalten wollen. Arbeiten Sie mit einem Tabellenkalkulationsprogramm, können Sie sich diesen Schritt sparen, müssen aber die Zellen mit einem Prozentformat belegen.* ■

Die Produktion statistisch im Griff

In Unternehmen der industriellen Fertigung hat die Produktionsstatistik einen übergeordneten Stellenwert. Da die Produktion die zentrale Tätigkeit dieser Betriebe darstellt, muß sie auch besonders beachtet werden.

So untersucht die Produktionsstatistik vor allem:

- den Arbeitskräfte- und Anlageneinsatz,
- die Produktionskapazität
- und den Produktionsprozeß, insbesondere die Produktionsleistung (gemessen in Menge, Stück usw.), und die Produktion als Zeitprozeß.

Was wird hier untersucht?

Ziel: Kosten senken und Leistung steigern

Warum wird gerade der Produktionsprozeß in den Unternehmen teilweise akribisch beobachtet? Hintergrund ist, daß man hier – in Zeiten von Globalisierung und unter immer härteren Wettbewerbsbedingungen – ständig versucht, die **Kosten** zu senken (oder zumindest zu minimieren) und die Leistung zu steigern; das bedeutet: Die Wirtschaftlichkeit der Produktion ist heute mehr denn je gefragt.

Eine wichtige Differenzierung, die Sie übrigens kennen sollten, ist die zwischen der gesamten Produktion (einer Zeitspanne) und der Produktion für den Absatz. Die Produktion zum Eigenbedarf oder zur Aufrechterhaltung der Fertigung wird zur Absatzmenge nicht hinzugerechnet. Bei Unternehmen mit relativ aufwendiger und langfristiger Fertigung müssen Sie jedoch auch die unfertigen Erzeugnisse berücksichtigen - nicht alles wird innerhalb einer zu beobachtenden Zeitspanne (Monat, Quartal, Jahr) fertig.

Ausschuß bzw. Qualitätsmängel und Fehler aller Art will jedes Unternehmen möglichst reduzieren. Je weniger Fehlstücke aus der Produktion kommen, um so effektiver und wirtschaftlicher arbeitet sie auch. So ist auch das Kontrollieren der Fehlerquote ein wichtiges Thema der Produktionsstatistik.

Wie entwickelt sich die Produktion?

Die Entwicklung der Produktion über lange Zeiträume wird ebenfalls gern von der Produktionstatistik analysiert. Dabei steht die Messung der Produktionsleistung im Vordergrund. Doch Vorsicht: Sie können diese Leistung nicht einfach durch Verhältnis- oder Beziehungszahlen messen; um Verzerrungen durch Wertschwankungen auszuschließen, müssen Sie auch hier Indexzahlen ermitteln. Dabei bringen Sie die Mengen des Berichtsjahres mit den Kosten des Basisjahres in Verbindung und dividieren durch die Kosten oder Preise je Mengeneinheit aus dem Basisjahr.

$$PRODLeist = \frac{\sum m_1 * p_B}{\sum m_B * p_B}$$

Entsprechend der Angaben bei der Berechnung von Indexzahlen sind aber auch andere Berechnungen zur Untersuchung der Produktionsleistung möglich.

Die wichtigsten Kennzahlen zur Produktion

Kennzahl	Berechnung
Materialeinsatz je Produktionseinheit	$\dfrac{\text{Materialverbrauch}}{\text{Produktionsmenge}}$
Einsatzzeitquote	$\dfrac{\text{Materialeinsatz}}{\text{Arbeitstage}}$
Ausschußquote	$\dfrac{\text{Stückzahl Ausschuß}}{\text{Stückzahl Gesamtproduktion}}$
Schwundquote	$\dfrac{\text{Verwendete Menge}}{\text{Beschaffte Menge}}$
Struktur der Fertigungszeit	$\dfrac{\text{Rüstzeit}}{\text{Gesamte Fertigungszeit}}$
Zeitverlustquote	$\dfrac{\text{Störzeit}}{\text{Gesamte Fertigungszeit}}$
Maschinenausnutzungsgrad	$\dfrac{\text{Maschinenlaufzeit}}{\text{Betriebszeit}}$
Maschinisierungsgrad	$\dfrac{\text{Maschinenstunden}}{\text{Gesamte Arbeitsstunden}}$
Anlagenintensität	$\dfrac{\text{Anlagevermögen}}{\text{Gesamtvermögen}}$

Kapazitätsauslastung	$\dfrac{\text{Ist-Produktionsmenge}}{\text{Mögliche Produktionsmenge}}$
Ertragskennzahl	$\dfrac{\text{Betriebsertrag}}{\text{Beschäftigungsgrad}}$
Investitionsfinanzierung	$\dfrac{\text{Fremdfinanzierung}}{\text{Gesamtfinanzierung}}$
Grad der Eigenfinanzierung	$\dfrac{\text{Eigenkapital}}{\text{Fremdkapital}}$

Einkaufs- und Lagerstatistik

Steht die Produktion im Mittelpunkt von Fertigungsunternehmen, so ist auch das Lager durchaus wichtig. Für Handelsunternehmen sind alle Lagerentscheidungen natürlich besonders weitreichend. In allen Fällen ist das Lager ein Ort, wo viel Kapital gebunden wird. Je optimaler ein Lager daher geführt wird – ohne dessen Bedeutung und Aufgabe als Bereitstellungsort zu vernachlässigen – um so wirtschaftlicher ist dies für ein Unternehmen.

Die Statistik für diesen Bereich soll sowohl die Effektivität der Lagerhaltung (Lagerdauer, Lagerumschlag usw.) darstellen als auch Kennzahlen zur Einkaufs- und Dispositionsunterstützung liefern. Die Überwachung der Einstandspreise gehört genauso dazu wie die der internen und externen Logistik.

Die wichtigsten Lager- und Einkaufskennzahlen

Kennzahl	Berechnung
Durchschnittliche Einkaufskosten	$\dfrac{\text{Einkaufskosten}}{\text{Anzahl Rechnungen (Bestellungen)}}$
Prozentuale Bezugskosten	$\dfrac{\text{Bezugskosten}}{\text{Gesamteinkaufswert}}$
Einkaufswert je Lieferant	$\dfrac{\text{Gesamteinkaufswert}}{\text{Lieferantenanzahl}}$
Einkaufsvolumen	$\dfrac{\text{Ist-Einkauf}}{\text{Planeinkauf}}$
Durchschnittsbestand	$\dfrac{\text{Anfangsbestand} + n \text{ Endbestände}}{n + 1}$ (n = Perioden wie Tage, Wochen, Monate)
Lagerdauer	$\dfrac{\text{Lagerbestand} * 360}{\text{Umsatz}}$
Umschlagshäufigkeit	$\dfrac{360}{\text{Lagerdauer}}$
Strukturelle Bedeutung	$\dfrac{\text{Lagerwert}}{\text{Umlaufvermögen}}$
Kapitalbindung	$\dfrac{\text{Lagerwert}}{\text{Gesamtvermögen}}$

Statistik und EDV

Wer rechnet heute noch die Ergebnisse aus?

Statistik ist heute keine Aufgabe mehr, die manuell erledigt wird. Die Elektronische Datenverarbeitung nimmt eine Aufgabe wahr, die kein Statistiker mehr per Hand übernehmen möchte. Natürlich sollten Sie vorher verstanden haben, wie Sie die Daten sammeln und zusammentragen, damit Sie aus den Erhebungen auch brauchbare Ergebnisse bekommen. Und selbstverständlich muß einigermaßen klar sein, welche Formel oder Methode wann einzusetzen ist, und was an Überlegungen dahinter steht. Das Zusammenzählen und Rechnen – vor allem das „Ausrechnen" – kann dann der Computer übernehmen.

Welche Arbeitsmittel kommen infrage?

Statistik und Computer – dieses Thema reicht von den einfachen Taschenrechnern bis zu komplexen Anwendungen auf großen Rechenanlagen. Die meisten der heutigen Taschenrechner enthalten zwar fast alle irgendwelche statistischen Funktionen – Rechner mit einer ausreichenden Anzahl von Statistikfunktionen, die Praktiker tatsächlich einsetzen können, sind aber dünn gesät und nicht einheitlich zu erklären.

Auf Großrechneranlagen haben die wenigsten heute einen Zugriff, und so verlagert sich der Schwerpunkt der statistischen Arbeit zunehmend auf den PC (in den unterschiedlichsten Ausprägungen).

Es gibt grundsätzlich zwei Möglichkeiten, Statistiken am Computer zu erstellen:

- mit den weit verbreiteten Tabellenkalkulationen, die meist statistische Zusätze enthalten, und

- mittels spezieller Statistikanwendungen.

Statistiken erstellen mit Tabellenkalkulationen

Tabellenkalkulationen sind Programme, die ein großes Arbeitsblatt zur Verfügung stellen, das in Zeilen und Spalten gegliedert ist. Die Schnittstellen, die sogenannten Zellen, sind die wichtigste Arbeitsgrundlage dieser Programme. In diesen Zellen können Werte, Texte und Formeln abgelegt werden. Da die Zellen eindeutig adressiert werden können, lassen sich solche Arbeitsblätter, auch Tabellen genannt, vielfältig aufbauen und zu eigenständigen Anwendungen erweitern.

Bekannte und leistungsfähige Tabellenkalkulationen sind heute u. a. Lotus 1-2-3, Microsoft Excel, Quattro Pro oder StarCalc. Auch zusammengefaßte Anwendungspakete wie z. B. Microsoft Works enthalten Tabellenkalkulationen, die leistungsfähig genug sind, daß Sie damit einfache statistische Auswertungen durchführen können.

Beispiel: Statistikfunktionen in Works

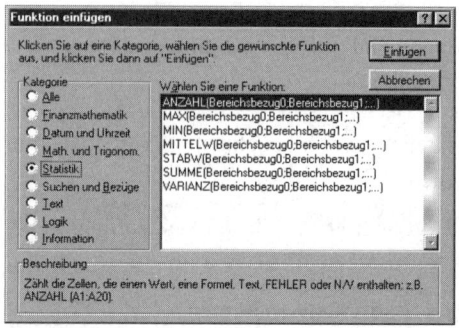

Ganz unkompliziert können Sie mit Ihrem Programm die **Urliste** erfassen. Sie legen Ihre Daten einfach in den Zellen ab und können diese Daten dann ohne weitere Erfassung bearbeiten.

Bei ganz umfangreichen Datenbeständen empfiehlt es sich aber, die Daten in einem Datenbankmanagementsystem abzulegen, da hier die Daten besser verwaltet und zur Verfügung gestellt werden können. Tabellenkalkulationen können aber meist auf solche Datenbestände zugreifen oder mit wenig Aufwand die Daten in der benötigten Anzahl einlesen und weiterverarbeiten

So lassen sich z. B. aus einer umfangreichen erfaßten Grundeinheit **Stichproben** ziehen. Diese Stichproben können z. B. (bei der Tabellenkalkulation MS-Excel) periodisch oder zufällig ausgewählt werden. Der Vorgang dauert – samt Eingabe der Vorgaben für die Stichprobe – nicht einmal eine Minute.

Beispiel: Stichprobenziehung in Excel

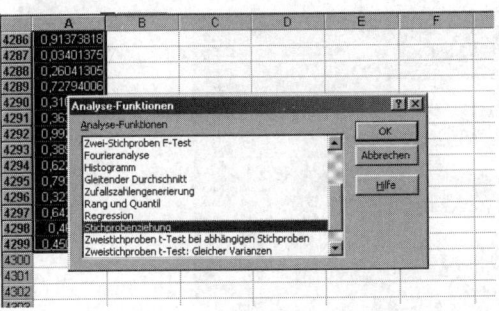

Das, was Tabellenkalkulationen heute können, geht aber noch weiter. So können Sie neben der Mittelwertberechung auch Streuungskennzahlen ermitteln und Korrelations- und Regressionsrechnungen durchführen. Auch die wichtigsten statistischen Testverfahren sind in den Programmfunktionen enthalten. Das, was für betriebliche Zwecke in der Regel an statistischen Methoden benötigt wird, kann auch mit Programmen wie Lotus 1-2-3 oder MS-Excel umgesetzt werden. Erst darüber hinausgehende Analysen benötigen Zusätze (sogenannte Add-Ins) oder spezielle Programme.

Beispiel: Regressionsrechnung mit Lotus 1-2-3

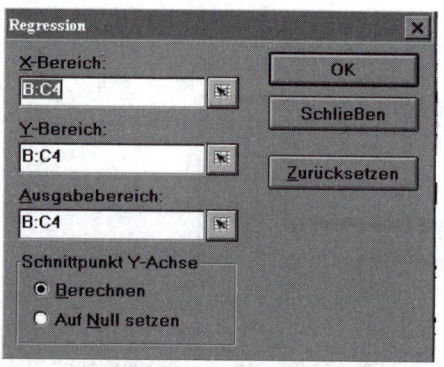

Welche speziellen Statistikprogramme Sie einsetzen können

Spezielle Statistikprogramme gibt es wiederum in zwei Kategorien: als Zusätze zu anderen Anwendungen oder Programmiersystemen und als eigenständige Anwendungen. So gibt es z. B. mathematische Unterprogrammbibliotheken zur Programmiersprache FORTRAN 77 (etwa die Unterprogrammsammlung NAG, welche neben Unterprogrammen zur Differentialrechnung und Linearen Algebra auch statistische Methoden enthält) oder Zusätze zu Tabellenkalkulationen und Datenbankanwendungen, die eine erweiterte statistische Auswertung ermöglichen (für Excel nennt man so etwas „Add-In").

In diesem Abschnitt wollen wir Ihnen einige eigenständige Statistikanwendungen vorstellen, damit Sie einen Eindruck bekommen, was damit alles möglich ist.

Verbreitete Statistikanwendungen

- **BMDP** – ein Statistikprogramm vorwiegend für biomedizinische Anwendungen entwickelt. Tatsächlich handelt es sich um eine Sammlung von mehr als 40 Programmen zur statistischen Datenauswertung mit einer gemeinsamen Eingabesprache. Es ergänzt durch seine differenzierte Ausgestaltung auch so leistungsfähige Anwendungen wie SPSS.

- **SAS** ist ein umfassendes System zur statistischen Analyse. Enthalten sind die gängigen Verfahren, Varianzanalyse mit zufälligen Faktoren sowie auch über die Statistik hinausgehende Erweiterungen wie lineare Optimierung und Spezialprogramme zur Labordatenauswertung. Auch eine grafische Darstellung der statistischen Auswertungsergebnisse ist eingebaut.

- **SPSS** – ein universelles Programm für die statistische Datenverarbeitung, ist eine der populärsten, an Hochschulen weit verbreitete Anwendung. Es enthält die gängigen Verfahren und bietet ebenfalls die Möglichkeit zur Grafikausgabe von statistischen Daten und Kennzahlen.

Diese drei Programme sind nicht nur für den PC, sondern auch für andere Rechnerplattformen (Apple Macintosh, SUN Workstation und verschiedene Hostrechner) erhältlich. Dies allein garantiert schon eine größere Verbreitung. Weitere statistikorientierte Anwendungen sind:

- S-Plus (für Windows, SUN, Host)
- SYSTAT (für Windows, Macintosh)

- STATGRAPHICS (nur für Windows)

- GENSTAT (nur für Hostrechner)

Eine interessante Anwendung in diesem Zusammenhang ist das Mathematik- und Statistikprogramm **OR_Mat.** Es ist ein Programm, das Ihnen eine Formelberechnung ohne Herleitung und ohne aufwendige Programmierung ermöglicht. Die Berechnungen können Sie interaktiv nach Beispielen erstellen und die Ergebnisse dann direkt in schriftliche Arbeiten (Seminararbeiten, Diplomarbeiten, statistische Berichte und Auswertungen usw.) übernehmen. Im Unterschied zu den bereits genannten Programmen ist diese Anwendung vergleichsweise günstig (momentan unter 100 DM). Nähere Informationen dazu gibt es im Internet (http://members.aol.com/ubigmbh).

Statistik und das Internet

Hier sind wir schon bei einem für Statistik immer wichtiger werdendem Thema: dem Internet. Das Internet ist für alle, die an Statistik interessiert sind, eine wahre Fundgruppe.

Im Internet finden Sie

- Informationen zur Lehre von der Statistik, z. B. Informationen der verschiedenen Hochschulen. Professoren stellen hier Lernmaterial, Aufgaben und Lösungen, Klausuren usw. zum Abruf bereit.

- Informationen zu statistischen Methoden. So veröffentlicht z. B. das Statistische Bundesamt neue Methoden auf

seiner Homepage:
http:/www.statistik-bund.de/

- ■ Informationen über Statistiksoftware: Beschreibungen, vergleichende Darstellungen, Bezugsquellen (s. o.) und Demoversionen.

- ■ Statistisches Datenmaterial: Das statistische Bundesamt, aber auch Gemeinden und (industrielle) Verbände, stellen aktuelles Datenmaterial und Auswertungen zur Verfügung.

Beispiel: Statistisches Material im Internet

Statistiken, Tabellen

Die Schweizerische Bundesversammlung - Das Schweizer Parlament,Statistiken,Tabellen
http://pdwww2.parlament.ch/D/Statistik/Statistiken_Tabellen.htm
Größe 3 K - 4.8.1998

Verband der Automobilindustrie (VDA)

Verband der Automobilindustrie e. V. Zur Homepage 15.10.98 Produktionsrekord - aber inländische Nachfrage labil Noch nie wurden in Deutschland in einem Monat so viele Automobile hergestellt wie im September 1998: Mit 535.700 Einheiten übertra
http://www.vda.de/AUTOAKTU/Statistik/september98.htm
Größe 8 K - 21.10.1998

Zahl der Studienfachbelegungen an der Universität Münster (In

Westfälische Wilhelms-Universität Münster Zahl der Studienfachbelegungen nach Studienfach, Fachsemester und angestrebter Abschlußprüfung Inhaltsverzeichnis Daten mit Archivstand vorläufige Daten nicht angeboten Sommer- semester 1996 Winter- seme
http://www.uni-muenster.de/Dezernat2/Statistik/index_st.htm

Es genügt, wenn Sie in einer Suchmaschine im Internet (z. B. Fireball oder Yahoo) den Begriff Statistik (wenn man allgemeine Informationen und Daten zur Statistik) oder Statistiksoftware (wenn man Spezielles zu Statistikanwendungen finden will) eingeben. Ein leeres oder karges Suchergebnis bekommen Sie dann ganz bestimmt nicht!

Anhang

Kleine statistische Formelsammlung

Zum Verständnis der Formeln

Mathematikkenntnisse, die auf einem mittleren Bildungs-niveau erworben werden (Hauptschulabschluß, Mittlere Reife, Fachschulreife) müßten ausreichen, die folgenden Formeln der Statistik zu verstehen. Keine Angst – es ist keine Ableitung, keine Beweisführung nötig! Diese Formeln beschreiben nur die Art und Weise, wie statistische Werte berechnet werden. Neben den Grundrechenarten und der Bruchrechnung reichen also elementare Kenntnisse der Algebra aus, um mit dieser symbolhaften Darstellung von Berechnungsvorgängen klarzukommen.

Trotzdem hier einige Anmerkungen, die helfen können, Vergessenes wieder aufzufrischen und die Formeln aktiv zu nutzen.

Symbole in den Formeln, ganz gleich ob mit unserem oder dem griechischen Alphabet erstellt, sind Platzhalter, für die Sie Ihre Zahlen einsetzen müssen. Diese Zahlen ergeben sich aus der Datenmenge oder aus der Berechnung mit der Formel. Steht ein Symbol vor dem Gleichheitszeichen, so steht dieses Symbol für das zu berechnende Ergebnis, etwa für das arithmetische Mittel. Ein „x" in einer Formel steht vor allem für ein Merkmal der zu untersuchenden Einheit. Da die Statistik sich nicht mit Einzelobjekten beschäftigt, finden sich bei diesem Symbol meist auch Ordnungszahlen, die auf eine Menge von Elementen hinweisen:

$x_1, x_2, x_3 \ldots\ldots x_n$

Das kleine, tiefgestellte „n" weist immer auf die Anzahl der Gesamtheit hin. Es kennzeichnet das letzte „x" in der Reihe der zu betrachtenden Elemente. Liegen 400 Untersuchungswerte vor, so geht die Reihe von x1 bis zu x400. xn ist gleichzusetzen mit x400. Benötigt man ein zweites Merkmal, so wird dafür „y" benutzt.

Soll eine Merkmalsausprägung einer beliebigen Einheit symbolisch dargestellt werden, so wird dazu der Buchstabe „i" benutzt. In Ergänzung dazu ist der Wertebereich anzugeben, aus dem diese „beliebige" Einheit zu entnehmen ist.

$x_i, i = 1 \ldots n$

Gelesen wird dieser Ausdruck: „x i", wobei i die Werte von 1 bis n annehmen kann. Statt dem Buchstaben „i" werden häufig alternativ auch andere Buchstaben eingesetzt, z.B. das „v". Es hat die gleiche Bedeutung wie das „i" und wird i.d.R. zur Differenzierung verschiedener Wertebereiche benutzt. Andere Ordnungsbezeichnungen ergänzen und differenzieren das Symbol speziell, z.B.

$$\overline{x}_g$$

Das kleine „g" differenziert hier den Mittelwert als „geometrisches Mittel" im Unterschied zum arithmetischen Mittelwert.

In der Statistik sind immer wieder Summen zu bilden, etwa die Summe der Grundgesamtheit, der Stichprobe usw. Dafür gibt es ein spezielles Symbol:

$$\sum$$

Dieses „Summensymbol" bekommt erst in der Ausgestaltung einer Formel eine konkrete Bedeutung.

$$\sum_{i=1}^{n} x_i$$

Dieser Ausdruck bedeutet: Summe aller xi, wobei i aus dem Wertebereich von 1 bis n stammt. Stattdessen könnte man also auch schreiben:

$$x_1 + x_2 + x_3 \ldots\ldots x_n$$

Statt eines „xi" könnte hinter dem Summensymbol in einer Klammer auch ein mathematischer Ausdruck stehen, etwa wie bei der Varianz:

$$\sigma^2 = \frac{1}{n} \sum_{v=1}^{n} (x_v - \overline{x})^2$$

Das bedeutet dann, daß die Summe aller dieser Ausdrücke, die aus der Menge der zu untersuchenden Elemente gebildet werden können, summiert werden muß. Im Beispiel der Varianz ist von den Merkmalswerten der Mittelwert abzuziehen und das Ergebnis anschließend zu quadrieren. Alle quadrierten Ergebnisse werden anschließend aufsummiert. Der Bruch vor der Summe bedeutet, daß das Ergebnis anschließend durch die Anzahl „n" der Elemente zu teilen ist (genauer gesagt, müßte eigentlich das Ergebnis mit dem Bruch aus 1 durch n-Elemente multipliziert werden) Man könnte diesen Ausdruck also auch folgendermaßen schreiben

$$\frac{\sum_{v=1}^{n}(x_v - \bar{x})^2}{n}$$

Diese Informationen müßten ausreichen, die folgenden Formeln – die allesamt auch im Buchtext enthalten sind – zu lesen und anzuwenden.

Zeichenerklärung

Soweit sich Zeichen und Symbole nicht aus der vorangegangenen Erklärung, dem Buchtext oder der Formel selbst ergeben, gilt folgendes:

Der Buchstabe „p" wird in der Regel für Preise oder Erlöse benutzt, der Buchstabe „m" für Mengeneinheiten. Der Index B (oder Basis) in diesem Zusammenhang bezeichnet das Basisjahr (oder die Basis) des Auswertungszeitraums, der Index 1 das Berichtsjahr (oder die Berichtsperiode) des Auswertungszeitraums.

Mittelwerte

Median

Bei ungerader Anzahl der Werte:

$$\widetilde{x} = x_{\left(\frac{n+1}{2}\right)}$$

Bei gerader Anzahl der Werte:

$$\widetilde{x} = \frac{1}{2}\left(x_{\left(\frac{n}{2}\right)} + x_{\left(\frac{n}{2}+1\right)}\right)$$

Das arithmetische Mittel

$$\overline{x} = \frac{1}{n}\sum_{v=1}^{n} x_v$$

Das geometrische Mittel

$$\overline{x}_g = \sqrt[n]{x_1 \ldots x_n}$$

Streuungsmaße

Spannweite

$$S_M = X_n - X_1$$

Durchschnittliche (mittlere) Abweichung

$$\sigma = \frac{1}{N}\sum_{v=1}^{n} |x_v - \widetilde{x}|$$

Varianz

$$\sigma^2 = \frac{1}{n}\sum_{v=1}^{n} (x_v - \overline{x})^2$$

Variationskoeffizient

$$v = \frac{\sigma}{x}$$

Verhältniszahlen

Gliederungszahl

$$g_i = \frac{x_i}{\sum x_i}$$

Meßzahl

$$m_{Basis,t} = \frac{x_t}{x_{Basis}}$$

Indexzahlen

Ungewichteter Wertindex

$$W_{B,i} = \frac{\sum_{j=1}^{n}(p_{i,j} * m_{i,j})}{\sum_{j=1}^{n}(p_{b,j} * m_{b,j})}$$

einfacher Summenindex

$$P_{i,B} = \frac{\sum_{j=1}^{n}\left(\frac{p_{i,j}}{p_{B,j}}\right)}{n} * 100$$

Preisindex nach Laspeyres

$$Laspeyres P_{i,B} = \frac{\sum_{j=1}^{n}(p_{i,j} * m_{B,j})}{\sum_{j=1}^{n}(p_{B,j} * m_{B,j})}$$

Preisindex nach Paasche

$$Paasche P_{i,B} = \frac{\sum_{j=1}^{n}(p_{i,j} * m_{i,j})}{\sum_{j=1}^{n}(p_{B,j} * m_{i,j})}$$

Mengenindex nach Laspeyres

$$LaspeyresM_{i,B} = \frac{\sum_{j=1}^{n}(P_{i,j} * M_{B,j})}{\sum_{j=1}^{n}(P_{i,j} * M_{i,j})}$$

Mengenindex nach Paasche

$$PaascheM_{i,B} = \frac{\sum_{j=1}^{n}(P_{B,j} * M_{B,j})}{\sum_{j=1}^{n}(P_{B,j} * M_{i,j})}$$

Regressionsrechnung und Korrelationsrechnung

Normalgleichungen

I. $$\sum_{i=1}^{n} y_i = na_1 + b_1 \sum x_i$$

$$\sum_{i=1}^{n} x_i y_i = a_1 \sum x_i + b_1 \sum x_i^2$$

II. $$\sum_{i=1}^{n} x_i = na_2 + b_2 \sum y_i$$

$$\sum_{i=1}^{n} y_i y_i = a_2 \sum y_2 + b_2 \sum y_2^2$$

Linearer Regressionskoeffizient

(Ableitungen aus den Normalgleichungen)

$$b = \frac{\sum (x_i - \bar{x})(y_i - \bar{y})}{\sum (x_i - \bar{x})^2}$$

$$a = \bar{y} - b\bar{x}$$

Linearer Korrelationskoeffizient

$$\sum_{i=1}^{n} x_i = na_2 + b_2 \sum y_i \qquad r = \frac{\sum (x_i - \bar{x})(y_i - \bar{y})}{\sqrt{\sum (x_i - \bar{x})^2 \sum (y_i - \bar{y})^2}}$$

Glossar

Abweichung

Differenz zwischen Merkmalswert und Mittelwert. Die Summe aller Differenzen geteilt durch Anzahl der Einheiten ergibt die durchschnittliche Abweichung. Es handelt sich bei diesem Wert um ein Streuungsmaß.

Ausprägung

Merkmale bzw. Variablen besitzen verschiedene Ausprägungen. In einfachsten Fällen sind zwei Ausprägungen vorhanden (z. B. Merkmal Geschlecht: männlich und weiblich) oder es ist eine Vielzahl von Ausprägungen möglich (Merkmal Geburtsjahr: Alle ganzen Zahlen zwischen 1900 und 1999).

Befragung

Methode zur Datenerhebung. Vor der Befragung muß die Grundgesamtheit (Population) festgelegt werden. Anschließend sind die Randbedingungen und die einzelnen Schritte der Befragung festzulegen.

Beobachtung

Methode zur Datenerhebung. Anders als bei der Methode beobachtet der Statistiker hier den Sachverhalt und zeichnet die Ergebnisse auf.

Beziehungszahlen

Gehört zu den Verhältniszahlen. Sie entstehen als Quotient aus zwei statistischen Größen, die in einer sachlich sinnvollen Beziehung zueinander stehen.

Daten

Sind für statistische Zwecke ermittelte Zahlen, zunächst ohne Bedeutungsinhalt. Im Zusammenhang mit einer statistischen Variablen wird ihnen aber ein Bedeutungsinhalt zugewiesen.

Datenmatrix

Werden mehrere Variable gleichzeitig betrachtet, erhält man einen multivariaten Datensatz. Die geeignete Darstellung ist eine Matrix, dargestellt in einer Tabelle, in der über Zeilen und Spalten diese Variablen zueinander in Beziehung gestellt werden können.

Datensätze

Gleichartige Daten, die in einer einheitlichen Struktur angeordnet werden und das Ergebnis einer statistischen Datenerhebung beinhalten.

Fehler

Das Auftreten von Fehlern im Datenmaterial ist in statistischen Auswertungen immer zu berücksichtigen. Fehler können auftreten a) weil die Untersuchungsgesamtheit nicht genau erfaßt wurde, b) weil die Merkmale nicht ausreichend definiert wurden, c) weil bei der Aufbereitung der Daten technische Fehler eingetreten sind (z. B. falsche Verschlüsselung), oder d) weil bei Teilerhebungen ein Stichprobenfehler aufgetreten ist. Je gründlicher eine statistische Erhebung und Auswertung durchgeführt wurde, um so geringer ist die Fehlergefahr. Bei der amtlichen Statistik kann man davon ausgehen, daß kaum Fehler im Datenmaterial vorhanden sind, da Datenerfassung und -aufbereitung entsprechend sorgfältig erfolgt sind. Bei anderen Statistiken ist zunächst Skepsis (und wo möglich: Überprüfung) angezeigt.

Gliederungszahlen

Gehören zu den Verhältniszahlen. Sie dienen dazu, statistische Massen zu gliedern.

Grundgesamtheit

Auch: Population oder Masse. Eine Massenerscheinung, die Ausgangspunkt der statistischen Arbeit ist. Sie besteht aus einer Mehrzahl gleichartiger Elemente. Jedes Element trägt bestimmte Merkmale.

Gruppe

Teilmenge der Untersuchungsobjekte mit gleichen Merkmalsausprägungen. Gruppenbildung dient der Systematisierung von umfangreichem Zahlenmaterial. Gruppiert werden kann nach sachlichen, zeitlichen und örtlichen Merkmalen. Bei der Gruppenbildung nach sachlichen Merkmalen wird zwischen Klassifizierung und Gruppenbildung im engeren Sinne unterschieden. Um Klassifizierung handelt es sich, wenn die Unterschiede zwischen den verschiedenen Gruppen durch differenzierende Begriffe definiert werden. Bei der Gruppenbildung im engeren Sinne bestehen zwischen den einzelnen Gruppen nur zahlenmäßige Unterschiede. Die Gruppierung nach örtlichen Merkmalen wird meist in geographischer Sicht vorgenommen.

Häufigkeitstabellen

Häufigkeitstabellen geben an, wie oft jede Ausprägung eines Merkmals bei der vorliegenden Verteilung auftritt. Zugrunde liegen einfache Zählprozeduren: Der Grunddatenbestand wird also nach Merkmalen ausgezählt und gruppiert.

Hochrechnung

Die Ergebnisse einer Teilerhebung müssen stets auf die zugrunde liegende Gesamtheit übertragen, d. h. verallgemeinert werden. Dieser Vorgang wird als Hochrechnung bezeichnet. Hochrechnungen werden auch vorgenommen, wenn Gesamterhebungen noch nicht abgeschlossen, erste Ergebnisse aber bereits erwünscht sind (z. B. bei Wahlen).

Indexzahlen

Indexzahlen drücken mehrere zusammengehörige Sachverhalte zugleich in einem Wert aus. Bekanntestes Beispiel ist der Preisindex für die Lebenshaltungskosten, in dem die Preise aller für die Lebenshaltung notwendigen Güter in einem sogenannten Warenkorb zusammengefaßt werden. Solch ein Index soll Entwicklungen über längere Zeiträume aufzeigen.

Klasse

Teilmenge aller Untersuchungsobjekte, deren Merkmalsausprägungen bezüglich einer Variablen innerhalb einer festgelegten, die Klasse definierenden Grenzen liegen. Klassen dürfen sich nicht überschneiden, und jedes Untersuchungsobjekt muß in einer Klasse liegen. Alle Klassen zusammen bilden eine Häufigkeitsverteilung.

Klassifizierung

Bilden von Häufigkeitsklassen.

Kodierung

Aufbereiten von Daten für statistische Auswertungen. Merkmale werden dabei durch möglichst einfache Zahlen ersetzt. Beim Merkmal Geschlecht wird statt männlich/weiblich 1 oder 2 gesetzt (oder m/w, falls die Auswertung damit möglich ist).

Korrelation

Beschreibt die Stärke des statistischen Zusammenhangs zwischen zwei Untersuchungsvariablen. Man spricht in diesem Zusammenhang auch von einer Quantifizierung der Stärke des statistischen Zusammenhangs. Diese Aufgabe übernimmt die Korrelationsrechnung.

Kreuztabellen

Häufigkeitstabellen, in den die einzelnen Gruppen nach mehreren Merkmalen aufgeschlüsselt sind.

Kumulation

Bei der Kumulation werden Werte aufaddiert. Insbesondere bei relativen Häufigkeiten (Prozentwerte) wird dieser Schritt vorgenommen, um zusätzliche informative Angaben zu erhalten.

Masse

Im Sinne der Statistik eine Gesamtheit von „Elementen", die für die Untersuchungszeit herangezogen werden soll. Es werden Bestands- und Bewegungsmassen unterschieden. Alles, was zu einem bestimmten Zeitpunkt erfaßt wird, sind Bestandsmassen. Werden Daten über längere Zeiträume erfaßt (und ausgewertet), spricht man von Bewegungsmassen.

Merkmal

Ein statistisches Element kann mehrere Merkmalsausprägungen (Eigenschaften) aufweisen. Bei manchen Merkmalen sind es lediglich zwei Ausprägungen (z. B. Merkmal „Geschlecht": männlich, weiblich), bei manchen Merkmalen sind es mehrere tausend Ausprägungen (Merkmal „Beruf").

Meßzahlen

Werden wie Gliederungszahlen ermittelt, wobei der aus der gleichartigen Grundgesamtheit gebildete Quotient mit 100 multipliziert wird.

Mittelwerte

Mittelwerte fassen in einer repräsentativen Zahl das Typische einer statistischen Masse zusammen. Außerdem machen sie Einzelwerte durch den Vergleich mit dem Mittelwert untereinander vergleichbar. Die gängigsten Mittelwerte sind: der Zentralwert (oder Median), der häufigste Wert (oder Modus) sowie das arithmetische und geometrische Mittel.

Normalverteilung

Eine der wichtigsten theoretischen Häufigkeitsverteilungen der statistischen Methodenlehre. Graphisch dargestellt ergibt sie eine Kurve, die symmetrisch ist und eine (umgedrehte) Glockenform aufweist.

Population

= Grundgesamtheit

Primärstatistische Erhebung

Kann nicht auf sekundärstatistische Quellen zurückgegriffen werden, müssen die Daten direkt durch Beobachtung, Befragung oder Experiment erfaßt werden.

Quantifizierung

Quantifizierung (von Massenerscheinungen) bedeutet, daß man bestimmte Sachverhalte durch Zahlen zu belegen versucht.

Quotenverfahren

Verfahren zur bewußten Auswahl einer Stichprobe, das oft von Markt- und Meinungsforschungsinstituten angewandt wird. Die Stichprobe wird so geplant, daß die Zusammensetzung der Einheiten in grundlegenden Merkmalen mit der Population übereinstimmt.

Rangliste

Werden Daten nach einem Merkmal sortiert, erhält man eine Rangliste.

Regression

Eine Regression beschreibt die Art des statistischen Zusammenhangs zwischen zwei Variablen. Bei der Regressionsrechnung geht es darum, eine mathematische Funktion zu berechnen, die den Zusammenhang zwischen den vorgefundenen Werten zum Ausdruck bringt. Diese Funktion wird als Regressionsfunktion bezeichnet.

Sekundärstatistik

Werden schon vorhandene Daten für eine statistische Untersuchung benutzt, spricht man von Sekundärstatistik.

Skalenniveau

Damit bezeichnet man die Meßeigenschaften einer Variablen. Man differenziert vier Typen in aufsteigender Reihenfolge. Nominalskalierte Variable: Die Ausprägung der Variablen sind ihre verschiedenen Namen. Ordinalskalierte oder rangskalierte Variable: Die Ausprägungen müssen sich in eine Reihenfolge bringen lassen (sehr gut, gut, befriedigend ...). Intervallskalierte Variable: Die Abstände der Skala lassen sich genau bestimmen und sind innerhalb der Skala gleich groß. Von Jahr zu Jahr (1951,1952,1953 ...) oder von Jahrzehnt zu Jahrzehnt (1940, 1950, 1960 ...). Verhältnisskalierte oder ratioskalierte Variable: Zusätzlich zu den Eigenschaften der intervallskaliereten Variable kommt die Merkmalsausprägung Null dazu.

Spannweite

Die Differenz zwischen dem kleinsten und größten Wert. Es ist das einfachste und anschaulichste Streuungsmaß.

Standardabweichung

Streuungsmaß, das auch als mittlere quadratische Abweichung bezeichnet wird. Die Streuung wird gemessen als Durchschnitt der mittleren (quadrierten) Abweichungen vom (arithmetischen) Mittelwert. Das Quadrieren bewirkt, daß große Abweichungen stärker berücksichtigt werden als kleine.

Stichprobe

Wenn nur eine Auswahl von der Grundgesamtheit erhoben wird, spricht man von einer Teilerhebung oder Stichprobe. Die Stichprobe sollte ein verkleinertes, aber sonst getreues Abbild der Grundgesamtheit darstellen. Deshalb darf der Auswahlsatz nicht zu klein gewählt werden.

Stichprobenfehler

Mögliche Abweichung zwischen den Ergebnissen der Stichprobe und der Grundgesamtheit.

Streuungsmaße

Die Ausdehnung des Wertebereichs bzw. die Verteilung der Häufigkeiten über diesen Bereich bezeichnet man als Streuung eines Merkmals. Sind die Merkmalswerte um den Mittelwert konzentriert, spricht man von einer kleinen Streuung. Streuungsmaße sind Kennzahlen, die über die Größe der Variabilität der einzelnen Elemente hinsichtlich des Untersuchungsmerkmals etwas aussagen.

Teilerhebung

= Stichprobe

Urliste

Liegen die statistischen Daten in der Reihenfolge ihrer Erhebung (also noch nicht gruppiert oder sortiert) vor, spricht man von einer Urliste.

Variable

Eine statistische Variable x ist eine Zuordnung, die jedem Element einer Grundgesamtheit genau einen Zahlenwert zuordnet. Statistische Variablen werden nach unterschiedlichen Gesichtspunkten eingeteilt. Für verschiedenartige Variablen sind jeweils unterschiedliche Aufbereitungs- und Auswertungsmethoden sinnvoll. Eine Klassifikationsmöglichkeit von statistischen Variablen ist die Unterteilung in diskrete und stetige (kontinuierliche) Variablen. Als diskret bezeichnet man Variablen, bei denen nur endlich viele oder höchstens abzählbar unendlich viele unterschiedliche Werte möglich sind. Stetige Variablen sind dadurch gekennzeichnet, daß alle Werte eines Intervalls denkbar sind. Dabei können die Intervallenden auch unendlich sein.

Warenkorb

Sollen lediglich die durchschnittlichen Preisveränderungen in einer einzigen Reihe (z.B. beim Preisindex der Lebenshaltungskosten) wiedergegeben werden, sind Mengenveränderungen auszuschalten. Dies erreicht man dadurch, daß man für Basis- und Berichtsjahr gleichbleibende Verbrauchsmengen ansetzt. Diese konstanten Mengen, mit denen man die Preise durch Multiplikation gewichtet, werden auch als Gewichtungsschema oder Warenkorb bezeichnet.

Zeitreihe

Werden Merkmale Zeitpunkten oder Zeiträumen zugeordnet (Uhrzeiten, Stichtage, Tage, Monate, Jahre usw.) so spricht man von einer Zeitreihe.

Literatur

Monka, Michael; Voß, Werner: Statistik am PC, Lösungen mit Excel. Hanser Verlag, München, Wien 1996

Ortseifen, Carina: Der SAS-Kurs. Eine leicht verständliche Einführung. Thomson Publishing, Bonn 1997

Radke, Horst-Dieter: „Grundlagen der Statistik mit Excel" und „Statistische Techniken mit Excel" in: Praxishandbuch für Excel 97, WRS Verlag, 1997

Rodeghier, Mark: Marktforschung mit SPSS, Thomson Publishing, Bonn 1997

Schlittgen, Rainer: Einführung in die Statistik. Analyse und Modellierung von Daten, Oldenbourg Verlag, München, Wien, 1997

Stichwortverzeichnis